高等院校艺术设计类“十三五”规划教材

Photoshop 图形图像处理

◆ 主　编　范　玲

◆ 副主编　路　放　廖浪弟

中国海洋大学出版社

·青岛·

图书在版编目（CIP）数据

photoshop 图形图像处理 / 范玲主编. — 青岛 : 中国海洋大学出版社, 2019.4

ISBN 978-7-5670-2325-3

Ⅰ. ①p… Ⅱ. ①范… Ⅲ. ①图象处理软件 Ⅳ. ①TP391.413

中国版本图书馆 CIP 数据核字（2019）第 161750 号

出版发行 中国海洋大学出版社
社　　址 青岛市香港东路 23 号　　邮政编码 266071
出 版 人 杨立敏
策 划 人 王　炬
网　　址 http://pub.ouc.edu.cn
电子信箱 tushubianjibu@126.com
订购电话 021-51085016
责任编辑 由元春　　电　　话 0532-85901092
印　　制 上海万卷印刷股份有限公司
版　　次 2019 年 11 月 第 1 版
印　　次 2019 年 11 月 第 1 次印刷
成品尺寸 210 mm×270 mm
印　　张 12.5
字　　数 315 千
印　　数 1 ～ 5000
定　　价 59.00 元

前 言

随着电脑技术的不断发展，越来越多的人开始利用平面设计软件来完成创意设计。Adobe Photoshop是一款功能强大、应用广泛的专业级平面设计软件，图像、图形、文字、视频、出版等领域均有涉及。作为目前最主要的平面设计软件之一，Photoshop 软件的学习运用非常必要。

本教材通过“制作技能 + 设计应用”的全案例写作手法和写作思路，对 Photoshop CC 2018 进行了系统讲解，主要有四大特色。一、编写思路清晰。教材编写按照总分总的关系进行安排，让读者对软件有个宏观了解，然后详细学习，最后达到综合运用的效果。二、知识点的讲解循序渐进、层次分明。Photoshop 软件工具的功能非常庞杂，教材进行了详细的梳理、归类，按照案例制作的需要逐步介绍，便于读者接受。三、教材案例的选择具有市场性。案例的设计安排完全遵循学习规律，由简到难，由浅入深。四、案例制作步骤详尽，且典型案例配有操作视频。通过这些实例的演练，让读者可以更好地融会贯通，举一反三，能够灵活、快捷地应用软件进行艺术创作。

本教材以 Photoshop CC 2018 中文版为制作平台来讲解，但所讲内容并不受软件版本的限制，即使读者使用的不是 Photoshop CC 2018 版本，也完全可以使用本书进行学习，并同样能够在设计理念与手段方面得到收获。

本书的创作团队有着较扎实的理论基础和专业知识，也具有丰富的设计实践经验，在艺术设计领域发表作品多次，也为大型企业和公司设计制作了大量的形象广告和宣传品。

限于作者自身的水平，书中难免会有不足之处，望大家指正，以期共同进步。

编　者

2019 年 4 月

内容简介

本书共六章，从 Photoshop 软件界面的认知开始讲起，以循序渐进的方式详细解读图像基本操作、选区、图层、颜色调整、滤镜、动作等功能，深入剖析了图层、蒙版和通道等软件核心功能与应用技巧，内容基本涵盖了 Photoshop 的工具和命令。书中精心安排了具有针对性的实例，不仅可以帮助读者轻松掌握软件的使用方法，更能应对数码照片处理、平面设计、特效制作等实际工作的需要。本书适合开设平面设计课程的艺术院校教学，也适合从事平面设计工作的人员阅读、参考。

参考课时与安排

建议课时数：62 课时

章　节	内　容	理论课时	实践课时
第 1 章	软件功能	2	2
第 2 章	工具	4	8
第 3 章	图层	3	7
第 4 章	图像调整与蒙版通道	3	7
第 5 章	滤镜与动作	3	7
第 6 章	综合案例	6	10

目　录

第 1 章　软件功能

学习内容：本章主要介绍Photoshop CC 2018的工作界面、相关概念以及应用领域。

学习重点：了解Photoshop CC 2018的工作界面及相关概念。

学习难点：掌握位图与矢量图的区别。

Adobe Photoshop是Adobe公司出品的数字图像编辑软件，是迄今在Macintosh平台和Windows平台上运行最优秀的图像处理软件之一。Photoshop强大的功能和无限的创意空间使得设计师对它爱不释手，并通过它创作出了难以计数的、神奇的艺术珍品。Photoshop套件的使用可以帮助Web设计人员、摄影师和视频专业人员更为有效地创建高质量的图像。Photoshop甚至能支持数码相机的RAW模式，自动匹配颜色，及时查看直方图调色板，建立镜头模糊效果。Photoshop CC 2018可以直接输出Flash，输出HTML代码，还具有使用Web Content调色板创建和编辑交互式元素、使用参数和数据设置建立动态内容等功能。

1.1 工作界面

Photoshop CC 2018的启动方式与其他软件相同，通过任务栏“开始”→“所有程序”→“Photoshop CC 2018”，或者双击桌面上“Photoshop CC 2018”的快捷方式图标，即可进入Photoshop CC 2018的工作界面。其界面由7个部分组成，即标题栏、菜单栏、工具箱、工具属性栏、浮动面板、图像编辑区和状态栏。

1.1.1 标题栏

当我们打开一张图片，图片最上方会有一个标题栏，它除了有控制作用外，还显示当前图片的“色彩模式”“图层状态”等，也被称为图片标题栏，如图1-1-1所示。

1.1.2 菜单栏

菜单栏位于标题栏的上方，是Photoshop CC 2018的重要组成部分。和其他应用程序一样，Photoshop CC 2018将绝大多数功能命令分类并分别放置在11个菜单中，包括“文件”“编辑”“图像”“图层”“文字”“选择”“滤镜”“3D”“视图”“窗口”和“帮助”，如图1-1-2所示。只要单击其中某一菜单，即会弹出一个下拉菜单，里面有与当前点击主菜单相关的命令，如果该命令为浅灰色，则表明该命令在目前状态下不能执行。命令右边的字母组合键代表该命令的快捷键，在键盘上按下此快捷键可以同样执行该命令。有的命令后面带有省略号，则表示点击该命令后，会有对话框出现，可在对话框中具体定义该命令。

菜单栏
工具属性栏
标题栏
工具箱
RoyalCaribbean
INTERNATIONAL
浮动面板
图像编辑区
状态栏

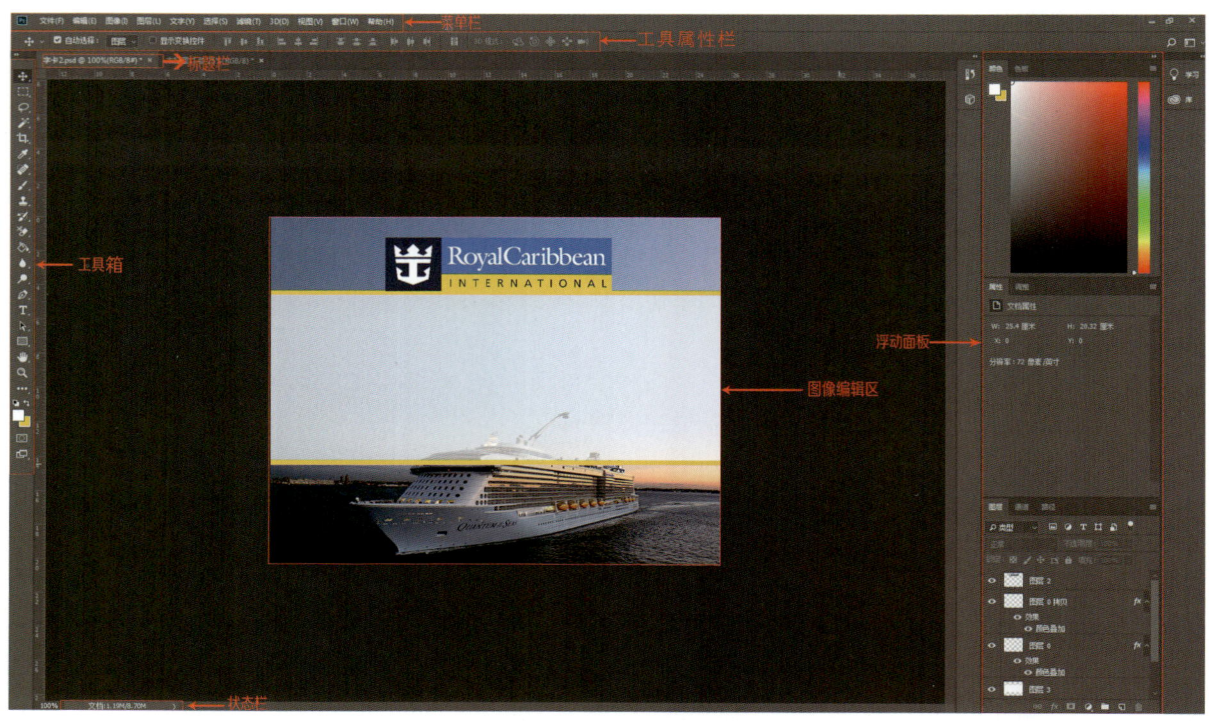

图1-1-1

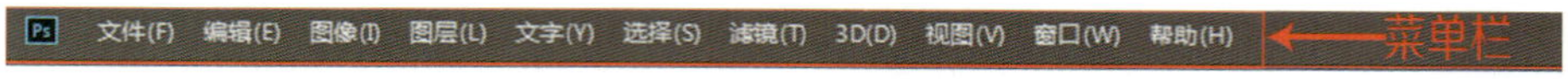

文件(F) 编辑(E) 图像(I) 图层(L) 文字(Y) 选择(S) 滤镜(T) 3D(D) 视图(V) 窗口(W) 帮助(H)
菜单栏

图1-1-2

1.1.3 工具箱

工具箱是我们在设计制作中用的最多的部分，是图像编辑所需工具的聚集地。在系统默认情况下，工具箱位于界面窗口的最左边。如果在工具右下角有一个小三角形，则表示该工具位置还有其他工具，只要按住它不放或右击该工具，即弹出工具组，可从中选择所需工具。如果在工具上停留片刻，则会出现工具提示，括号内的字母表示该工具的快捷键，如图1-1-3、图1-1-4所示。

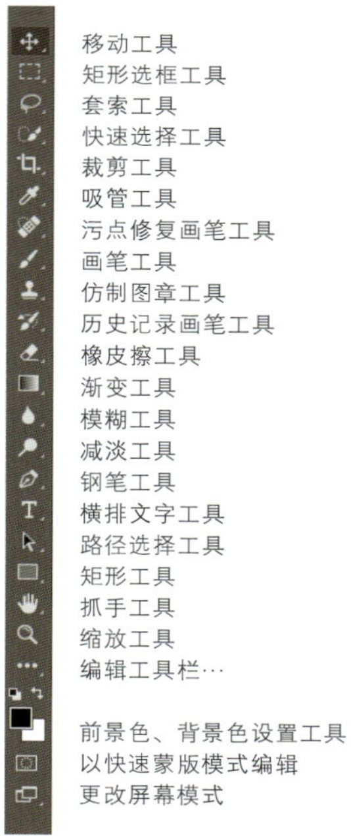

移动工具
矩形选框工具
套索工具
快速选择工具
裁剪工具
吸管工具
污点修复画笔工具
画笔工具
仿制图章工具
历史记录画笔工具
橡皮擦工具
渐变工具
模糊工具
减淡工具
钢笔工具
横排文字工具
路径选择工具
矩形工具
抓手工具
缩放工具
编辑工具栏…
前景色、背景色设置工具
以快速蒙版模式编辑
更改屏幕模式

图1-1-3

矩形选框工具 M
椭圆选框工具 M
单行选框工具
单列选框工具

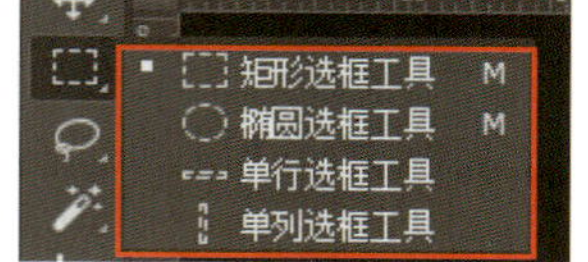

图1-1-4

1.1.4 工具属性栏

工具属性栏是用来设置工具的各项属性的，在默认状态下，工具属性栏位于菜单栏下方。当我们选择了工具箱中的一个工具后，工具属性栏所显示内容会随所选工具而改变，如图1–1–5所示。

1.1.5 浮动面板

Photoshop CC 2018在工作区有几个常规预设模式：平面设计师或网页设计师专用的“图形和Web模式”、游戏原画设计师与插画设计师专用的“绘画模式”、摄影后期修片工作者专用的“摄影模式”和动画制作者专用的“动感模式”，如图1–1–6所示。

图1–1–5

工作区面板预设　基本功能　图形和Web　绘画　摄影

动感

图1–1–6

1.1.6 图像编辑区

图像编辑区是图像文件的显示区域，也是可以编辑或处理图像的区域。将鼠标指向标题栏并按住左键拖移，即可拖动图像窗口到所需位置。将鼠标指向窗口的四个角或四条边，当呈双箭头状时按住左键拖动即可缩放图像窗口，如图1–1–7所示。

1.1.7 状态栏

在Photoshop CC 2018中，状态栏位于图像编辑区的最下方，其作用是显示与当前所编辑图像状态有关的信息。单击状态上的小三角，会弹出状态信息菜单，如图1–1–8所示，可自由选择所要显示的状态信息。其中，“文档大小”用于显示当前所编辑图像的文档大小。“文档配置文件”用于显示当前所编辑图像的模式，如RGB、CMYK、Lab颜色等。“文档尺寸”显示当前所编辑的图像尺寸大小，即菜单栏“图像—图像大小”内所显示内容。

图1–1–7

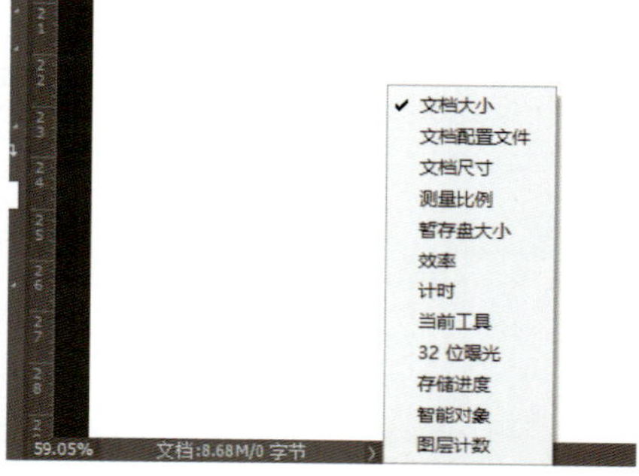

图1–1–8

1.2 图像处理的基本概念

1.2.1 像素和分辨率

1.2.1.1 像素

在计算机绘图中，像素是构成图像的最小单位，越高位的像素，拥有色板越丰富，越能表达颜色的真实感。

1.2.1.2 像素分辨率

常见的分辨率主要分为四类：图像分辨率、输出分辨率、位分辨率、显示器分辨率。

（1）图像分辨率。

图像分辨率是指图像中每单位打印长度显示的像素数目，通常用“像素/英寸”来表示。

高低分辨率的区别在于图像中包含的像素数目，相同打印尺寸下，分辨率越高，图像中像素数目越多；像素点越小，保留的细节就越多。因此在打印图像时，高分辨率比低分辨率图像能更详细精致地表现图像中细节和颜色的转变。如果用较低的分辨率扫描图像或是再创建图像时设置了较低的分辨率，以后即使再提高分辨率，也只是将原始像素信息扩展为更大数量的像素，这种操作几乎不会提高图像的品质。如果分辨率很高，则会占用很大内存。

在实际应用中，应根据自己的需要来设置分辨率，像网页中一般设定“72像素/英寸”即可，而印刷彩色图片时一般将图像分辨率设置为“300像素/英寸”。

（2）输出分辨率。

输出分辨率是指激光打印机或照排机等输出设备在输出图像时每英寸所产生的油墨点数，单位通常用“像素/英寸”来表示。

（3）位分辨率。

位分辨率是用来衡量每个像素所保存的颜色信息的位元素。例如一个24位的RGB图像，表示其各原色R、G、B均使用8位，三原色之和为24位。RGB图像中，每一个像素均记录R、G、B三原色值，因此每一个像素所保存的位元素为24位。

（4）显示器分辨率。

显示器分辨率是显示器中每单位长度显示的像素的数目，单位以“点/英寸”来表示。常用普通屏的显示器为1024像素×768像素，宽屏为1366像素×768像素，也就是水平分布了1024个像素或1366个像素，垂直分布了768个像素。

1.2.2 矢量图与位图

1.2.2.1 矢量图

矢量图也称为面向对象的图像或绘图图像，像CorelDraw、Illustrator、AutoCAD等软件都是以矢量图形为基础进行创作的。矢量文件中的图形元素称为对象，每个对象都是一个自成一体的实体，它具有颜色、形状、轮廓、大小和屏幕位置等属性。既然每个对象都是一个自成一体的实体，就可以在维持它原有清晰度和弯曲度的同时，多次移动和改变它的属性，而不会影响图例中的其他对象。这些特征使基于矢量的程度特别适用于图例和三维建模，因为它们通常要求能创建和操作单个对象。矢量的绘图同分辨率无关，因此矢量图以几何图形居多，图形可以无限放大，不变色、不模糊。其常用于图案、标志、VI、文字等设计，如图1-2-1所示。

图1-2-1

矢量图的优点：文件小；图像可编辑；图像放大或缩小不影响图像的分辨率；图像的分辨率不依赖于输出设备。

矢量图的缺点：重画图像困难；逼真度低，要画出自然度高的图像需要很多的技巧。

1.2.2.2 位图

位图又称光栅图，也称为点阵图像或绘制图像，是由像素的单个点组成的。这些点可以进行不同的排列和染色以构成图样。当放大位图时，可以看见赖以构成整个图像的无数个方块。由于位图图像是以排列的像素集合体形式创建的，所以不能单独操作（如移动）局部位图。

点阵图像是与分辨率有关的，即在一定面积的图像上包含有固定数量的像素。因此，如果在屏幕上以较大的倍数放大显示图像，或以过低的分辨率打印，位图图像会出现锯齿边缘，如图1-2-2所示。

位图的优点：图像质量高；图像编辑修改较快。

位图的缺点：文件大；图像元素对象编辑受限制较大；图像质量取决于分辨率；图像的分辨率依赖于输出设备。

总之，矢量图和位图没有好坏之分，只是用途不同而已。因此，整合位图图像和矢量图形的优点，才是处理数字图像的最佳方式。到底是用矢量图还是位图，应该根据应用的需要而定。

图1-2-2

1. 2. 3 常用图像格式和图像颜色模式

1.2.3.1 常用图像格式

文件格式表达文件保存到磁盘中的不同方式。Photoshop支持很多文件格式，不同的图形文件格式用不同的方式代表图形信息，有些文件格式既包含矢量图形又包括位图图像，学习一些格式可以帮助我们在多个设计软件中跨平台操作。在Photoshop中，常见的格式有PSD、BMP、PDF、TIFF、GIF、JPEG、TGA等，如图1-2-3所示。

（1）PSD格式。

PSD格式是Photoshop的专用格式，它能保存图像数据的每一个细节，包括图像的层、通道等信息，确保图层之间相互独立便于以后进行修改。PSD格式可以比其他格式更快速地打开和保存图像，很好地保存层、通道、路径、蒙版以及压缩方案而不会导致数据丢失等。但是由于要保存的东西很多，它的文件很大，所以在这种文件格式中只能保存图层而不能保存选区。

（2）BMP格式。

应用BMP格式最典型的程序就是Windows的画图程序。BMP是用于Windows和OS/2的位图（Bitmap）格式，文件几乎不压缩，占用磁盘空间较大。它的颜色存储格式有1位、4位、8位及24位，支持RGB、索引颜色、灰度颜色模式的图像，但不支持Alpha通道。开发Windows环境下的图像处理软件都支持该格式，因此，该格式是当今应用比较广泛的一种格式。

（3）PDF格式。

PDF（Portable Document Format）是由Adobe Systems创建的一种文件格式，允许在屏幕上查看电子文档。PDF文件还可被嵌入Web的HTML文档中，和BMP格式一样不支持Alpha通道，PDF格式支持JPEG和ZIP压缩，但位图模式除外，如果在Photoshop中打开其他应用程序创建的PDF文件时，Photoshop将对文件进行栅格化处理。

（4）TIFF格式。

TIFF格式是一种既能用于Mac（苹果电脑），又能用于PC（Personal Computer，个人计算机）的灵活的位图图像格式。它在Photoshop中支持24个通道，是除了Photoshop自身格式之外唯一能存储多个通道的文件格式。

（5）GIF格式。

GIF格式因其磁盘占用空间较少而多用于文件传送，但此格式不支持Alpha通道。由于8位存储格式的限制，使其不能存储超过256色的图像。虽然如此，但该图形格式却在互联网上被广泛地应用，原因主要有两个：① 256种颜色已经较能满足互联网上的主页图形需要。② 该格式生成的文件比较小，适合网络环境传输和使用。

（6）JPEG格式。

JPEG格式是常用的图像格式，支持真彩色、CMYK、RGB和灰度颜色模式，但不支持Alpha通道。虽然它是一种有损失的压缩格式，但它在保存RGB图像的所有颜色信息时可以有选择地取出数据来压缩文件。JPEG格式的图像在打开时自动解压缩。高等级的压缩会导致较低的图像品质，低等级的压缩则产生较高的图像品质。

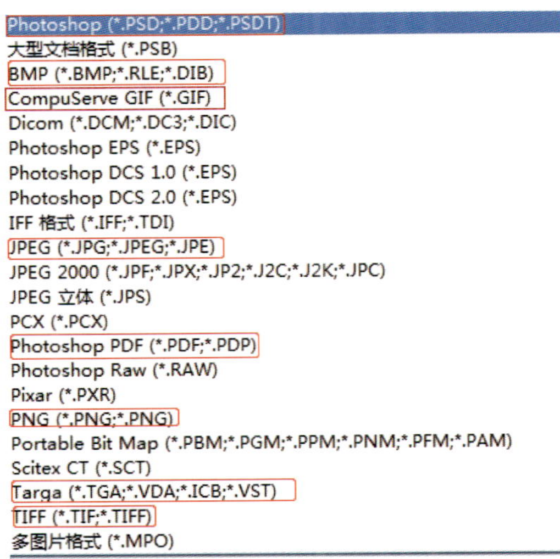

图1-2-3

（7）TGA格式。

TGA格式是计算机上应用最广泛的图像文件格式，它支持32位。

（8）PNG格式。

无损压缩，最常见的使用格式是256索引色（PNG-8）和24 bit真彩色（PNG-24），支持full alpha通道（256级可调半透明色），输出时背景为透明显示。

1.2.3.2 图像颜色模式

颜色模式是指同一种属性下的不同颜色的集合，颜色模式决定用于显示和打印图像的颜色模型，Photoshop的颜色模式以建立好的用于描述和重视色彩的模型为基础。常见的模型包括RGB、CMYK、HSB，也包括用于颜色输出的模式，如Lab模式、双色调模式、位图模式、多通道模式等。

（1）RGB模式。

由于RGB的3种颜色以最大亮度显示时产生的合成色是白色，反之则产生黑色，因此也称它们为加色，如图1-2-4所示。RGB图像通过3种颜色或通道可以在屏幕上重新生成多达1670万种颜色，正因为RGB的色域或颜色范围要比其他色彩模式宽广得多，所以大多数显示器均采用此种模式。

（2）CMYK模式。

CMYK模式颜色合成可以产生黑色，因此也称它们为减色。较高（高光）颜色指定的印刷油墨颜色百分比较低，而为较暗（暗调）颜色指定的百分比较高。在准备要用印刷色打印的图像时，应使用CMYK模式。尽管CMYK是标准颜色模型，但是其精准的颜色范围随印刷和打印条件而变化，Photoshop的CMYK模式因“颜色设置”对话框中指定的工作空间设置而异，如图1-2-5所示。

图1-2-4

图1-2-5

（3）HSB模式。

HSB模式以人类对颜色的感觉为基础，描述了颜色的3种基本特征，如图1-2-6所示。

① 色相：从物体反射或透过物体传播的颜色。在0°～360°的标准色轮上，按位置度量色相。在通常的使用中，色相由颜色名称识别，如红色、橙色或绿色。

② 饱和度（或彩度）：颜色的强度或纯度。饱和度表示色相中灰色分量所占的比例，它使用从0（灰色）～100（完全饱和）的百分比度量。在标准色轮上，饱和度从中心到边缘递增。

③ 亮度：颜色的相对明暗程度，通常使用从0（黑色）～100（白色）的百分比来度量。

（4）Lab模式。

Lab模式由3个通道组成，但不是R、G、B通道。它的一个通道是亮度即L，另外两个是色彩通道，用a和b来表示。a通道包括的颜色是从深绿色（低亮度值）到灰色（中亮度值）再到亮粉红色（高亮度值）；b通道则是从亮蓝色（低亮度值）到灰色（中亮度值）再到黄色（高亮度值）。因此，这种色彩混合后会产生明亮的色彩。

Lab模式所定义的色彩最多，且与光线及设备无关，并且处理速度与RGB模式同样快，比CMYK模式快很多，因此，可以放心大胆地在图像编辑中使用Lab模式。Lab模式在转换成CMYK模式时色彩没有丢失或被替换。因此，最佳避免色彩损失的方法是：应用Lab模式编辑图像，再转换为CMYK模式打印输出。当你将RGB模式转换成CMYK模式时，Photoshop会自动将RGB模式转换为Lab模式，再转换为CMYK模式，第2位的是RGB模式，第3位是CMYK模式。

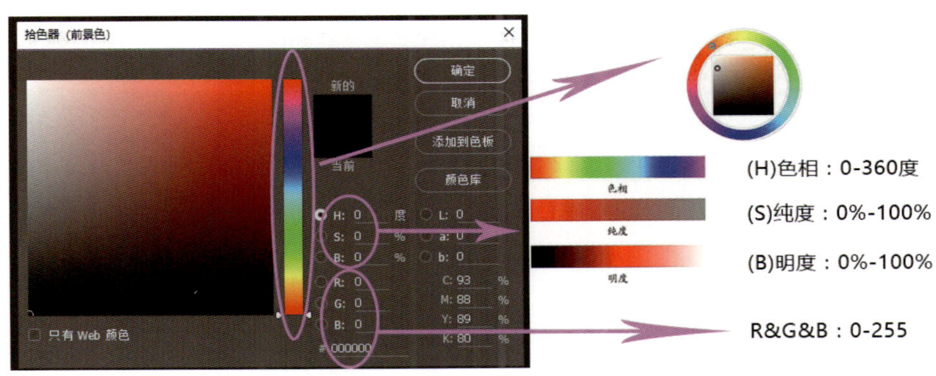

图1-2-6

1.3 应用领域

Photoshop的应用领域很广泛，在图像处理、绘制、视频、出版等各方面都有涉及。Photoshop的专长在于图像处理，而不是图形创作。图像处理是对已有的位图图像进行编辑加工处理以及一些特殊效果的运用，其重点在于对图像的处理加工。常见的应用领域主要有以下几种。

1.3.1 平面设计

平面设计是Photoshop应用最为广泛的领域，无论是我们正在阅读的图书封面，还是大街上看到的招贴、海报，这些具有丰富图像的平面印刷品，都需要Photoshop软件对图像进行处理，如图1-3-1所示。

1.3.2 修复照片

Photoshop具有强大的图像修饰功能。利用这些功能，可以快速修复一张破损的老照片，也可以修复人脸上的斑点等缺陷。随着数码电子产品的普及，图形图像处理技术逐渐被越来越多的人所应用，如美化我们的照片、制作个性化的影集、修复已经损毁的图片等，如图1-3-2所示。

1.3.3 User Interface界面设计

UI即User Interface（用户界面）的简称。UI设计是指对软件的人机交互、操作逻辑、界面美观的整体设计，也叫界面设计。在当代UI设计中，Photoshop已成为其主要的绘图工具，Photoshop能设计出精美漂亮的交互界面与视觉体验，如图1-3-3所示。

图1-3-1

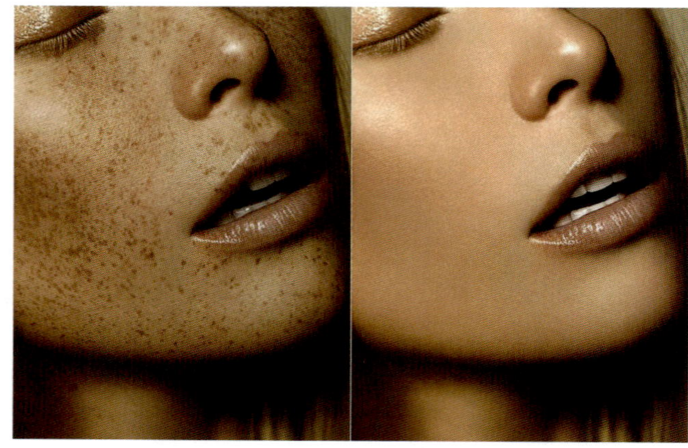

图1-3-2

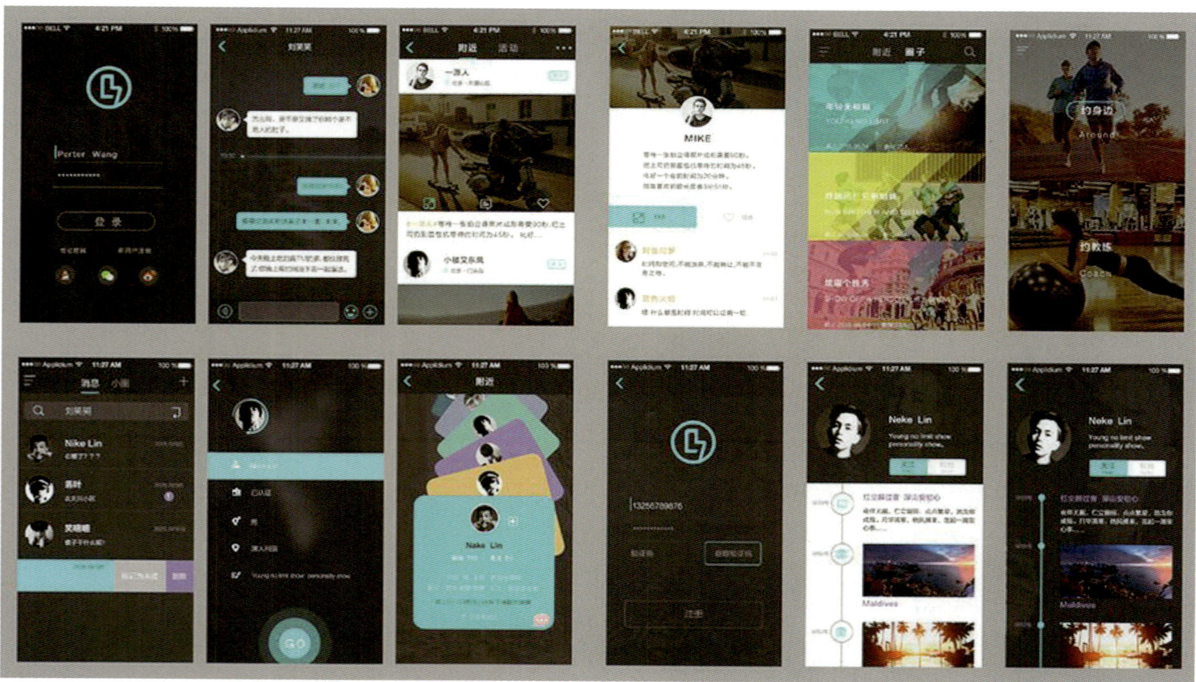

图1-3-3

1.3.4 影像创意

影像创意是Photoshop的特长，通过Photoshop的处理可以将原本风马牛不相及的对象组合在一起，也可以使用“狸猫换太子”的手段使图像发生不可思议的巨大变化，如图1–3–4所示。

1.3.5 艺术文字

当文字遇到Photoshop的处理，就已经注定不再普通。利用Photoshop可以使文字发生各种各样的变化，并可以利用这些艺术化处理后的文字为图像增加效果；还可以对文字进行创意设计，使文字变得更加美观，个性极强，大大加强了文字的感染力，如图1–3–5所示。

图1–3–4

图1–3–5

1.3.6 包装设计

包装作为产品的第一形象最先展现在顾客的眼前，被称为“无声的销售员”，只有在顾客被产品包装吸引并进行查阅后，才会决定会不会购买，可见包装设计是非常重要的。图像合成和特效的运用使得产品在琳琅满目的货架上越发显眼，达到吸引顾客的效果，如图1-3-6所示。

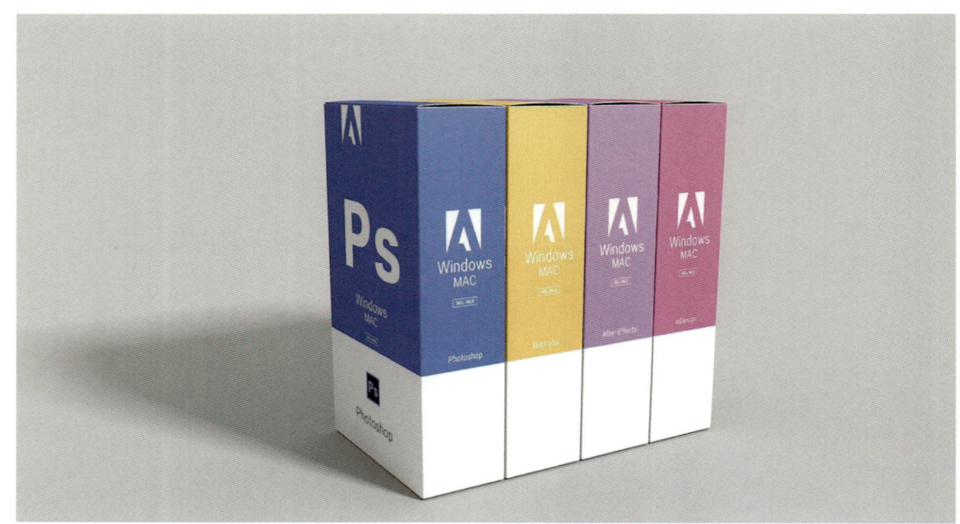

图1-3-6

1.4 新功能介绍

1.4.1 直观的工具提示

旧版本中当我们把鼠标悬停在左侧工具栏的工具上时，只会显示该工具的名称，而Photoshop CC 2018则会出现动态演示来告诉软件使用者这个工具的用法，如图1-4-1所示。

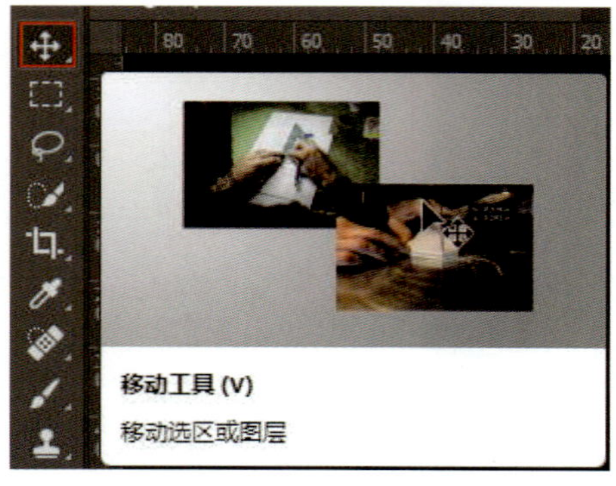

图1-4-1

1.4.2 学习面板

Photoshop CC 2018添加了“学习”面板，可以通过“窗口”菜单打开该面板。Adobe内置了摄影、修饰、合并图像、图形设计四个主题的教程，每点开一个都有各种常见的应用场景，选择后会有文字提示，手把手地引导我们如何实现该操作，如图1–4–2所示。

1.4.3 增强绘制功能

Photoshop CC 2018在钢笔功能中最新添加“弯度钢笔工具”，“弯度钢笔工具”可轻松绘制平滑曲线和直线段。在执行该操作的时候，无须切换工具就能创建、切换、编辑、添加或删除平滑点或角点，如图1–4–3所示。

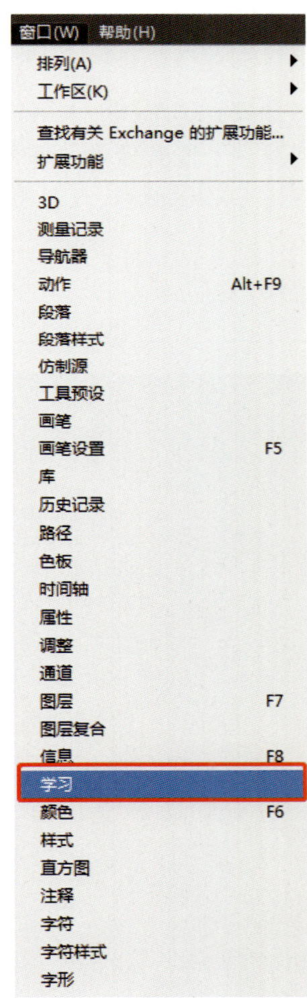

图1–4–2

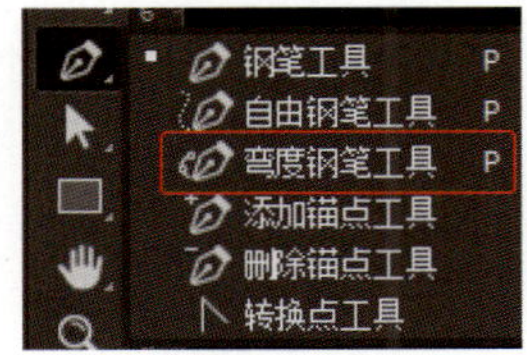

图1–4–3

第 2 章　工具

学习内容：本章主要讲解工具的基本操作，如选区工具、图像处理工具、矢量处理工具等。
学习重点：掌握选区工具、图像处理工具、矢量处理工具的具体操作方法。
学习难点：有效分析案例需求，准确选择、使用相关工具进行图像的编辑与处理。

2.1 前期设置

2.1.1 新建文件

在Photoshop界面中，单击“文件”菜单的“新建”（快捷键“Ctrl+N”）菜单项，可弹出新建文档对话框，如图2-1-1所示。在宽度与高度设置中要注意单位，一般有像素、英寸、厘米、毫米、点、派卡；在颜色模式中有5种模式：位图、灰度、RGB颜色、CMYK颜色、Lab颜色，通常会选择RGB或CMYK模式。

图2-1-1

2.1.2 打开文件

单击“文件”—“打开”，如图2–1–2所示，或使用快捷键“Ctrl+O”，或者在灰色区双击，便会弹出打开文件对话框面板。

2.1.3 保存文件

Photoshop有两种保存文件的方式：“存储”（快捷键“Ctrl+S”）和“存储为”（快捷键“Ctrl+Shift+S”）。“存储”是在覆盖原有文件的基础上直接进行保存。而“存储为”命令会弹出“存储为”对话框，它是将编辑中的文件重新命名保存，而原文件不变，如图2–1–3所示。

2.1.4 导入、导出文件

执行“文件”菜单的“导入”“导出”命令可以导入或导出多种文件格式的图像，如图2–1–4所示。

2.1.5 打印文件

执行“文件”—“打印”（快捷键“Ctrl+P”）或者“打印一份”（快捷键“Alt+Shift+Ctrl+P”）就会弹出打印机选择界面，如图2–1–5所示。

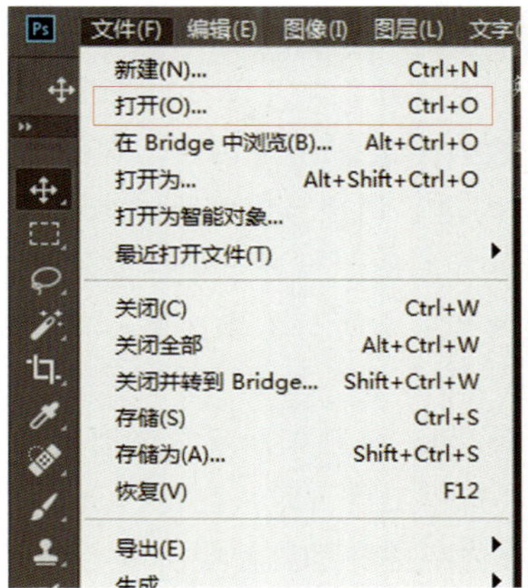

图2–1–2

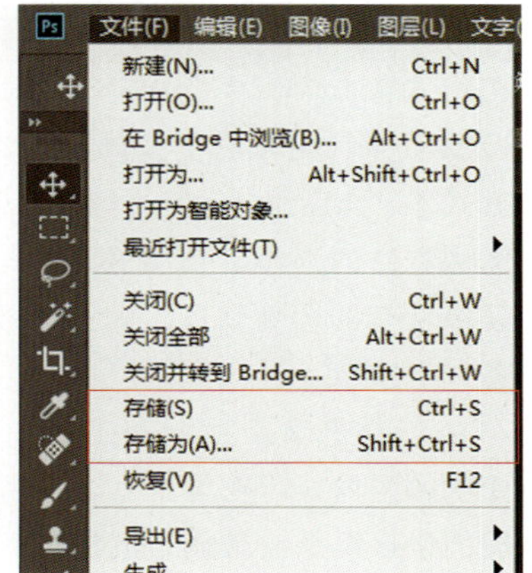

图2–1–3

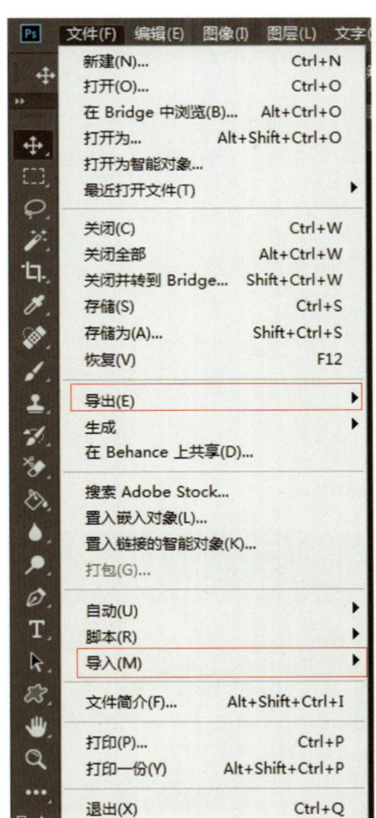

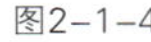
图2–1–4

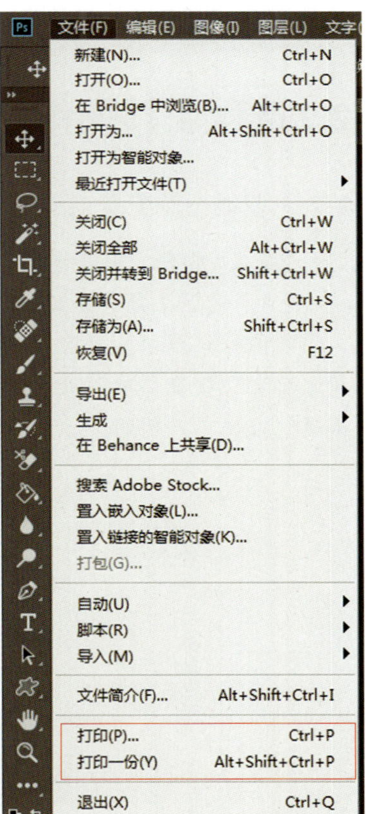

图2–1–5

2.1.6 图像调整窗口

① 缩放工具："缩放工具"可将图像成比例地放大或缩小显示。单击工具箱中的"缩放工具"，在图像窗口中用鼠标拖动一个矩形虚线框，然后释放鼠标即可将虚线框中的图像放大显示。用快捷键"Ctrl++"可以将图像浏览区域放大一级，"Ctrl+－"可以将图像浏览区域缩小一级；另外一种快捷方式是"Alt+Shift+鼠标滚轮"。勾选"调整窗口大小以满屏显示"选项可以在缩放图像时，自动调整图像窗口的大小，使图像窗口与缩放后的图像显示相匹配。勾选"缩放所有窗口"选项可以影响工作区中所有的图像窗口，即同时放大和缩小所有图像文件。单击"适合屏幕"按钮可以将图像适配至屏幕大小显示。

② 抓手工具："抓手工具"可以通过移动画面来看滚动条以外的图像区域。双击"抓手工具"可以使整幅图像显示在屏幕上。使用"抓手工具"时，配合"Ctrl"或"Alt"键可以对图像放大或缩小。常规的快捷键是在其他工具状态下按住空格键不放就会出现"抓手工具"。

③ 隐藏工具箱及面板："Tab"键可以显示或隐藏工具箱、选项栏和浮动面板。"Shift+Tab"只对浮动面板进行显示和隐藏。

④ 调整窗口：可以用工具箱的"更改屏幕模式"按钮或快捷键"F"使图像窗口在"标准屏幕模式""带有菜单栏的全屏模式"和"全屏模式"三种模式之间切换。

2.2 选区工具操作

2.2.1 基础选区工具

2.2.1.1 矩形、椭圆选框工具（快捷键M）

（1）选区工具的认知。

将鼠标移至"矩形选框工具"，静止几秒，将会出现如图2-2-1所示的动态演示，以及表示工具的名称和快捷键。按"Shift+M"，可以完成隐藏工具之间的切换。工具栏中所有右下角有三角标识的工具，操作方式相同。

图2-2-1

（2）矩形、椭圆选区的建立。

选择“矩形选框工具”或者按快捷键“M”，在需要建立选区的起点，单击鼠标左键不要松开，将其拖拽至选区终点，矩形选区建立完毕。在建立选区时按下“Shift”键，可建立正方形选区，如图2-2-2所示。按“Shift+M”，将选区工具切换至椭圆，操作方法同矩形选区工具，如图2-2-3所示，这里不再赘述。

（3）矩形、椭圆选区的移动。

建立矩形或者椭圆选区，将鼠标放置在选区外，鼠标形状如图2-2-4所示；将鼠标放置在选区内，鼠标形状如图2-2-5所示，在此状态下可以完成选区的移动。

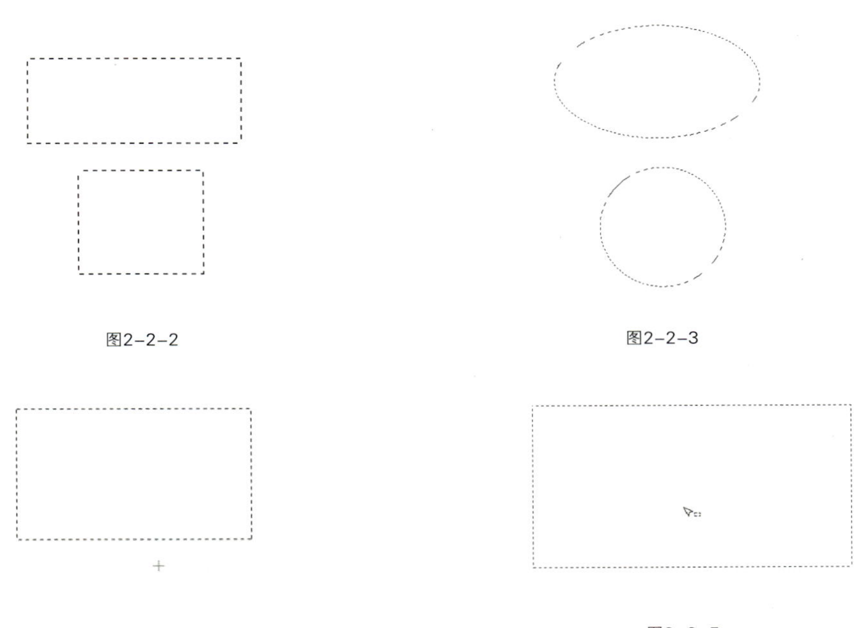

图2-2-2

图2-2-3

图2-2-4

图2-2-5

（4）选区的添加、删减及相交。

在矩形工具属性栏的设置中，选区可以进行添加、删减、相交设置，如图2-2-6所示，建立选区效果如图2-2-7所示。

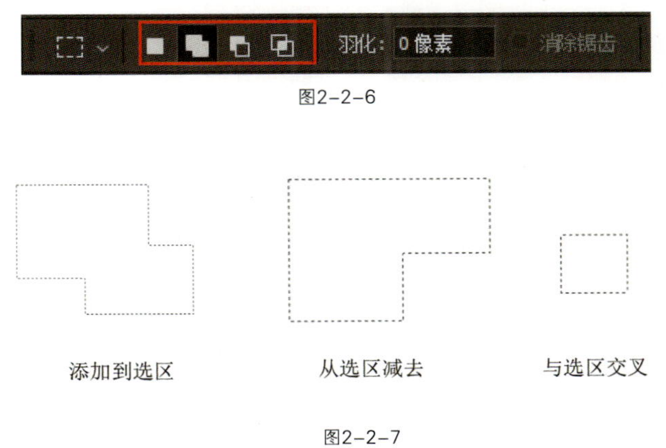

图2-2-6

图2-2-7

2.2.1.2 套索工具（快捷键L）

①“套索工具”如图2-2-8所示。选择“套索工具”或者快捷键“L”，按住鼠标左键不要松开，在需要建立选区的地方进行勾画，首尾相接选区建立完成，如图2-2-9所示，效果如图2-2-10所示。其主要用于模糊选区的建立。

图2-2-8

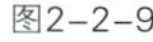

图2-2-9

图2-2-10

②“多边形套索工具”，在图像中选取出不规则的多边图形。将鼠标移到图像点处单击，来确定每一条直线。当回到起点时，光标下就会出现一个小圆圈，表示选择区域已封闭，再单击鼠标即完成此操作。大家可以使用“多边形套索工具”进行抠图，抠一些直线型简单的图片，如图2-2-11、图2-2-12所示的“Cost”，是使用“多边形套索工具”进行了完整的抠图。

图2-2-11

图2-2-12

③“磁性套索工具”，在需要建立选区的对象上，单击鼠标左键，“磁性套索工具”会自动产生节点吸附在对象上，如果出现偏离对象的节点可以按“Delete”键进行删除，首尾相接选区建立完成，效果如图2-2-13所示。其主要用于比较精准选区的建立。

④ 选区的添加、删减及相交。“套索工具”属性栏的设置中（图2-2-14），选区可以进行添加、删减、相交，设置方法同矩形选区工具的设置，这里不再赘述。

图2-2-13

图2-2-14

2.2.1.3 快速选择及魔棒工具（快捷键W）

快速选择及魔棒工具，如图2-2-15所示。

① 选择“快速选择工具”，根据建立选区的需要，设置工具属性栏中工具的相关属性，按下鼠标左键不要松开，在需要建立选区的对象上拖拽以选择对象，如图2-2-16所示。

② 选区的添加、删减及相交。在“魔棒工具”属性栏的设置中，选区可以进行添加、删减、相交，设置方法同“矩形选框工具”的设置，这里不再赘述。

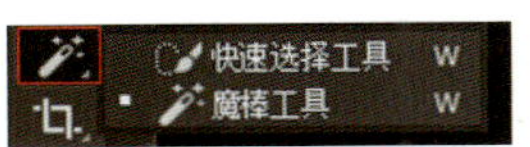

图2-2-15

图2-2-16

2.2.2 其他重要选区工具及命令

2.2.2.1 路径

选择“钢笔工具”，工具属性栏设置如图2–2–17所示。用“钢笔工具”粗略勾画对象轮廓如图2–2–18所示。按住“Ctrl”键不放，将“钢笔工具”切换至“直接选择工具”，点选要修改的对象。松开“Ctrl”键，将“钢笔工具”靠近修改对象，在对象上单击添加锚点。按住“Ctrl”键不放，切换至“直接选择工具”，移动新增锚点，拖动手柄（锚点、手柄如图2–2–19所示），将路径调整至与对象吻合。然后，单击属性栏中的“建立选区”，将路径载入选区，如图2–2–20所示。

图2–2–17

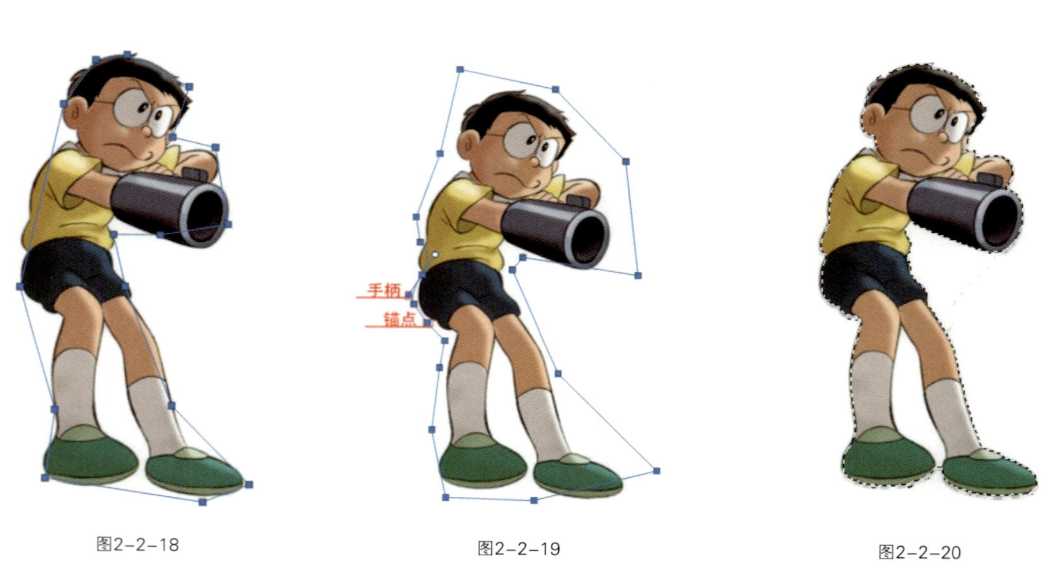

图2–2–18　图2–2–19　图2–2–20

2.2.2.2 反选

选择“魔棒工具”，选择图片中的白色区域，建立选区如图2–2–21所示。选择“选择—反选”命令，或者按快捷键“Ctrl+Shift+I”组合键，点击键盘上的“Delete”键，即可删除白色部分，效果如图2–2–22所示。仔细分析图片中的色彩关系，巧妙利用“反选”，可以达到事半功倍的效果。

2.2.2.3 色彩范围

执行“选择—色彩范围”命令，弹出对话框设置如图2–2–23所示。用“吸管工具”在对象上选取样点，“选取范围”中白色部分为选区，单击确定，建立选区效果如图2–2–24所示。

图2-2-21

图2-2-22

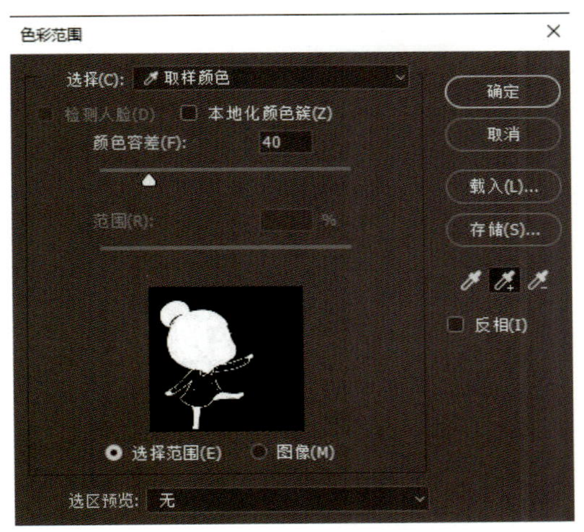

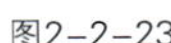

图2-2-23

图2-2-24

2.2.2.4 加深和减淡工具

① 加深工具。选择“加深工具”，在需要加深的图像上，点击鼠标左键不放，进行涂抹即可。

② 减淡工具。选择“减淡工具”，在需要减淡的图像上，点击鼠标左键不放，进行涂抹即可，如图2-2-25所示。

③ 模糊、锐化和涂抹工具。这三个工具使用方法相同，选择相应工具，点击鼠标左键不放，在需要编辑的地方进行涂抹即可。

图2-2-25

2.2.3 选区编辑

2.2.3.1 对象的放大、缩小及移动

准确建立选区，需要不断变换对象的大小。按“Ctrl++”组合键，可以放大对象，清晰显示轮廓，如图2-2-26所示。反之，按“Ctrl+－”组合键，可以缩小对象，如图2-2-27所示。按“空格”键不松开，鼠标形状变成抓手后，按下左键不松开，将对象移至合适位置。

图2-2-26

图2-2-27

2.2.3.2 选区的修改及取消

① 在对象上建立选区，执行“选择—修改—边界”命令，弹出对话框设置，效果如图2-2-28所示。

② 在对象上建立选区，执行“选择—修改—扩展”命令，弹出对话框设置，效果如图2-2-29所示。

③ 在对象上建立选区，执行“选择—修改—收缩”命令，弹出对话框设置，效果如图2-2-30所示。

④ 执行“选择—取消选择”命令，或者按快捷键“Ctrl+D”组合键，取消选择。

图2-2-28　　图2-2-29

图2-2-30

2.2.3.3 全选

按“Ctrl+A”组合键，执行“全选”命令。

2.2.4 填充工具（快捷键G）

2.2.4.1 油漆桶工具

“油漆桶工具”如图2-2-31所示。

图2-2-31

① 前景填充，属性工具栏的默认设置如图2-2-32所示。建立选区，按“Alt+Delete”组合键，填充前景色；按“Ctrl+Delete”组合键，填充背景色。按“X”键交换前景色和背景色的位置，按“D”键前景色和背景色变成默认的黑白色，如图2-2-33所示。

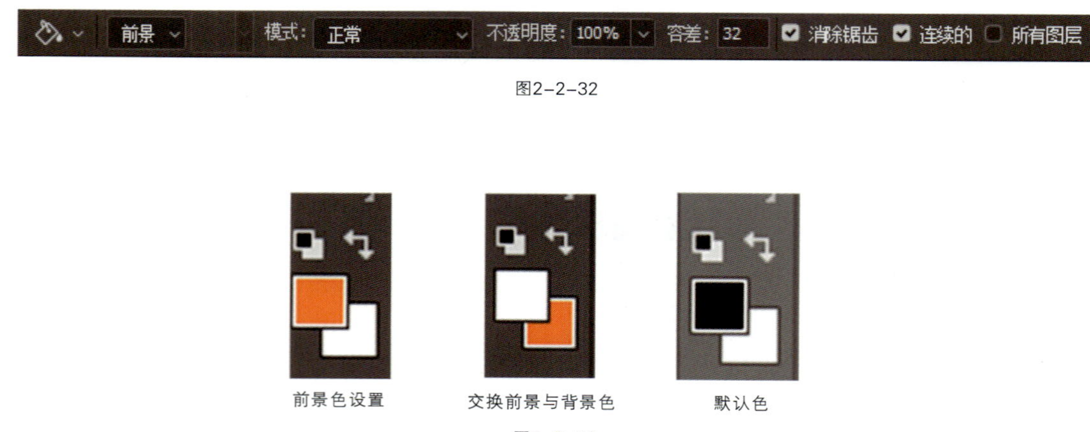

图2-2-32

图2-2-33

② 图案填充，属性工具栏的默认设置如图2-2-34所示。选择自己喜欢的图案，建立选区进行填充，效果如图2-2-35所示。

图2-2-34

图2-2-35

③ 自定义图案，打开素材，选择“矩形选框工具”，框选需要的部分，执行“编辑—定义图案”命令，弹出对话框，重命名图案的名称，如图2-2-36所示。新建矩形选区，填充图案，在图案属性工具栏中选择图案进行填充，设置如图2-2-37所示，效果如图2-2-38所示。

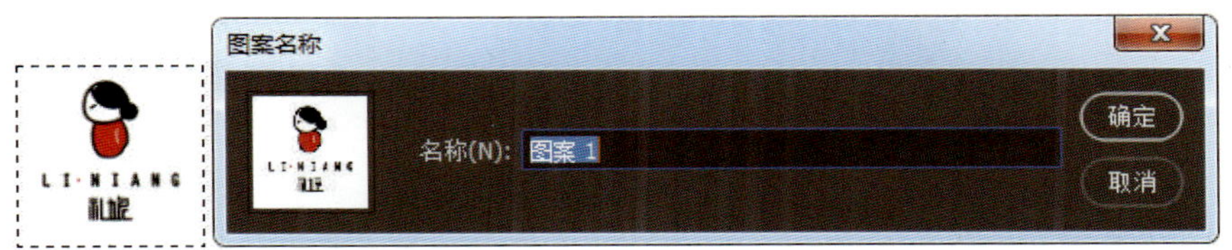

图2-2-36

图2-2-37

图2-2-38

④ 填充命令。

第一步，打开素材文件，如图2–2–39所示。

第二步，选择“快速选择工具”，在素材上创建合适的选区，如图2–2–40所示。

第三步，选择“油漆桶工具”，设置为“前景”，新建“图层1”，在选区内单击鼠标左键，即可填充颜色，如图2–2–41所示。

图2–2–39

图2–2–40

图2–2–41

2.2.4.2 渐变填充工具

“渐变工具”如图2-2-42所示。选择“渐变工具”，如图2-2-43所示。工具属性栏的默认设置如图2-2-44所示。渐变填充的类型有：线性渐变、镜像渐变、角度渐变、对称渐变、菱形渐变。单击属性工具栏中的，弹出对话框如图2-2-45所示。可以进行不透明色标、色标属性的设置，设置完成单击确定。建立选区，选择“渐变工具”，渐变填充类型设置为线性渐变，在选区中按下左键进行拖拽，如图2-2-46所示，填充效果如图2-2-47所示。

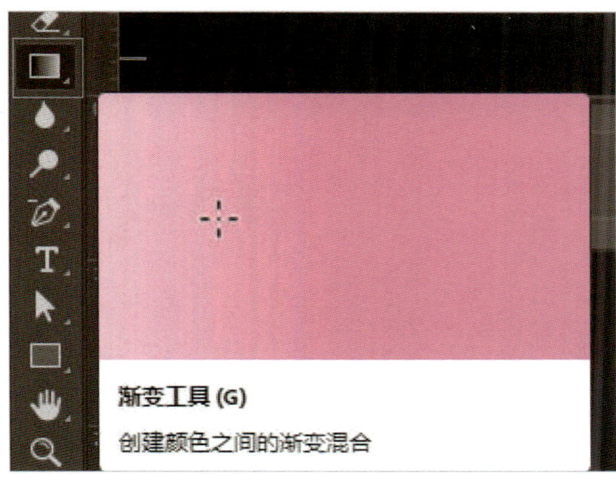

图2-2-42

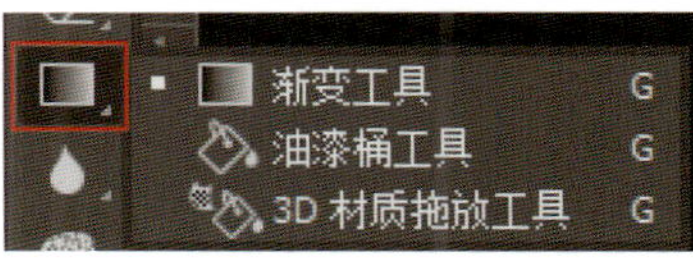

图2-2-43

图2-2-44

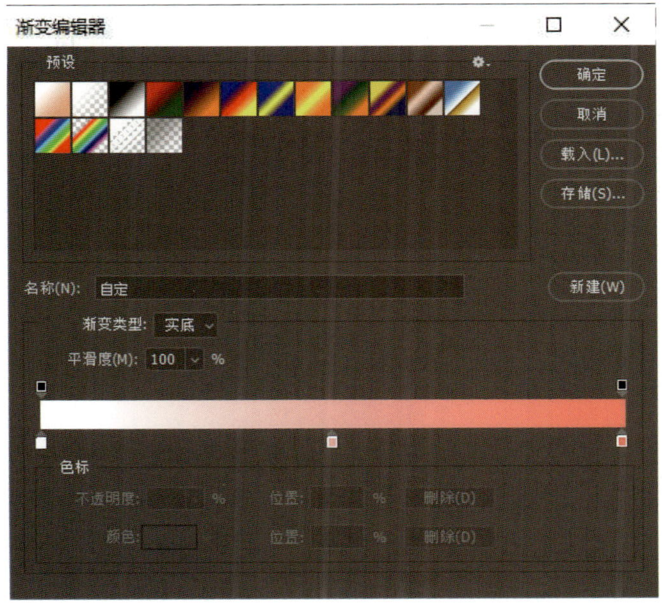

图2-2-45

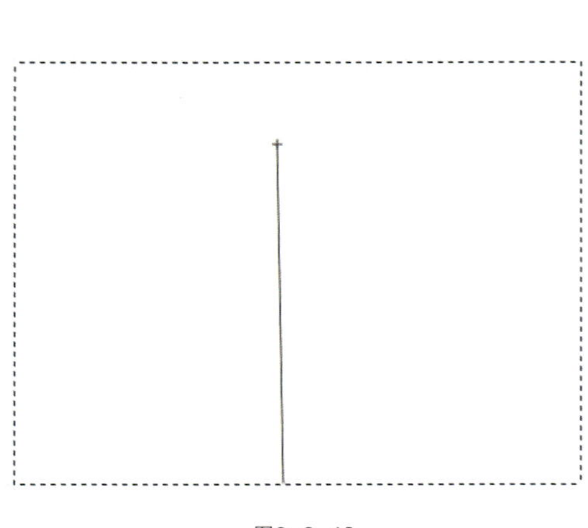

图2-2-46

图2-2-47

2.2.5 移动工具（快捷键V）

① 新建文件，执行“文件—置入嵌入对象”命令，将素材置于新建文件中，如图2-2-48所示。选择“移动工具”，在素材上按下鼠标左键不松开，可将其移动至当前文件的任意位置，也可拖拽至其他文件中。

图2-2-48

② 打开素材，选择“矩形选框工具”，建立矩形选区，如图2-2-49所示。选择“移动工具”，在选中对象上按下鼠标左键不要松开，将对象移至合适的位置，如图2-2-50所示。

图2-2-49

图2-2-50

2.3 图像处理工具操作

2.3.1 修复工具介绍

2.3.1.1 仿制图章工具（快捷键S）

“仿制图章工具”如图2-3-1所示。

图2-3-1

打开素材，如图2-3-2所示。选择“仿制图章工具”，按“[”（缩小）、“]”（放大）来调整“源点”的大小，按下“Alt”键不要松开，在“源点”处单击鼠标左键，松开鼠标左键，在需要仿制的区域单击鼠标左键，反复两次，效果如图2-3-3所示。

图2-3-2

图2-3-3

2.3.1.2 污点修复画笔工具（快捷键J）

①“污点修复画笔工具”如图2-3-4所示。

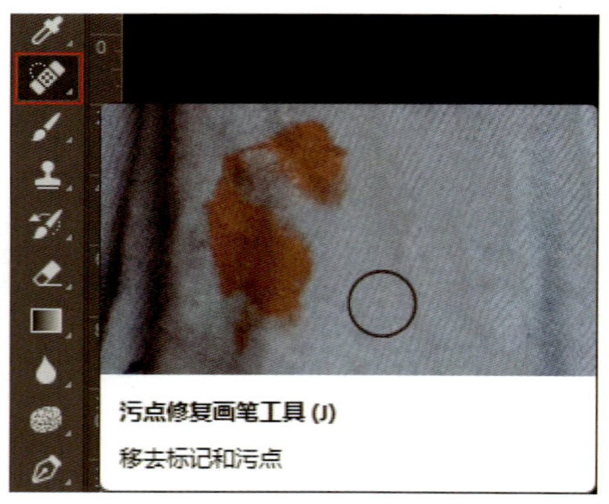

图2-3-4

打开素材，如图2-3-5所示。选择“污点修复画笔工具”，调整修复画笔笔刷大小，在污点上单击鼠标左键，不断重复，污点修复效果如图2-3-6所示（以右半边脸为例）。

图2-3-5

图2-3-6

②“修复画笔工具”如图2-3-7所示。

“修复画笔工具”的使用方法与“仿制图章工具”用法一致，区别在于增加了相溶效果。

③“修补工具”如图2-3-8所示。

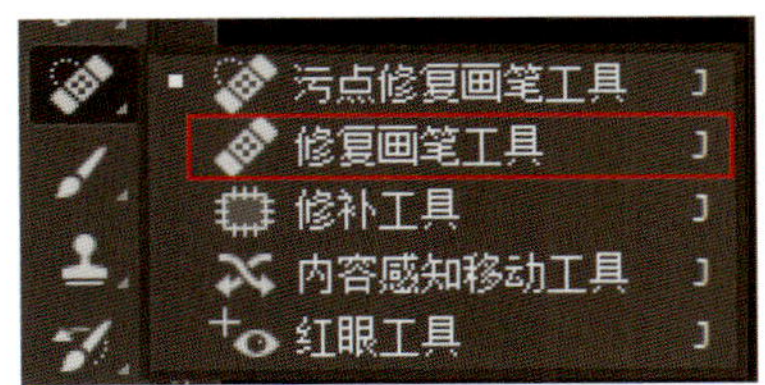

图2-3-7

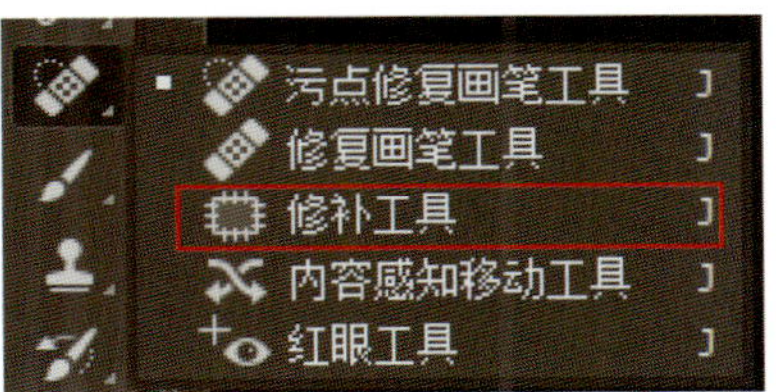

图2-3-8

打开素材，如图2-3-9所示。选择“修补工具”，按下鼠标左键不要松开，沿着海豚绘制选区，首尾相接海豚载入选区，如图2-3-10所示。拖拽海豚至大海，重复几次，海豚将被海水替换，如图2-3-11所示。按“Ctrl+D”组合键，取消选区，效果如图2-3-12所示。

图2-3-9

图2-3-10

图2-3-11

图2-3-12

2.3.2 画笔工具（快捷键B）

“画笔工具”如图2-3-13所示。

图2-3-13

①“画笔工具”最重要的就是工具属性栏，如图2-3-14所示。每个设置不同，画出来的效果会不同。安装手绘板驱动时，画笔预设呈现如图2-3-15状态时，说明安装成功。在工具属性栏的“画笔设置”面板中可以设置画笔的种类和大小，如图2-3-16所示。按住键盘的“[”和“]”（P旁边的括号）可以调整画笔的大小。画笔的颜色取决于工具栏里的前景色。“画笔工具”属性栏中“不透明度”“流量”设置不同，绘制的效果也不相同，如图2-3-17所示。

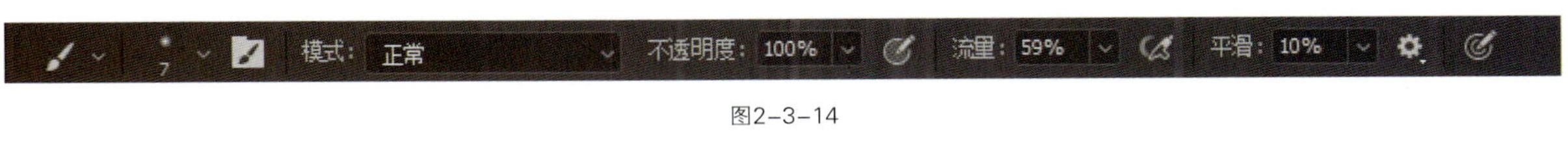

图2-3-14

图2-3-15

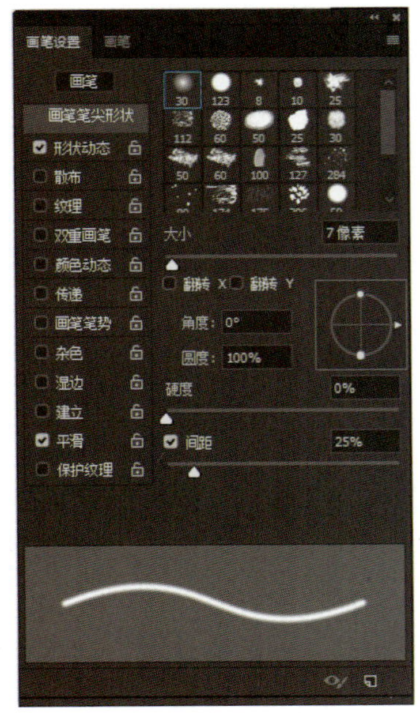

图2-3-16

图2-3-17

② 画笔描边。选择“钢笔工具”，勾画路径，如图2–3–18所示。前景色设置为红色，右键选择“描边路径”，如图2–3–19所示，在弹出的对话框中选择“画笔”，效果如图2–3–20所示。

③“铅笔工具”的设置同样也在工具属性栏中，但是和“画笔工具”之间的区别在于：“画笔工具”有硬度控制，边缘可以模糊；而“铅笔工具”只能调整透明度、大小和其他的形态，而没办法设置硬度改变边缘的羽化效果。

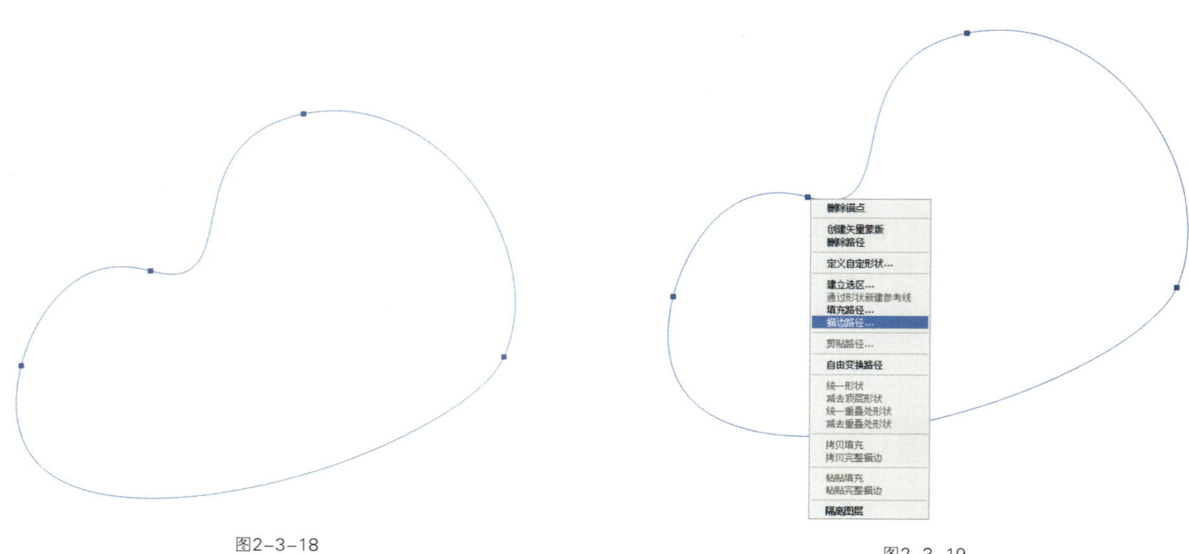

图2–3–18

图2–3–19

图2–3–20

2.4 矢量处理工具

2.4.1 钢笔工具（快捷键P）

“钢笔工具”如图2-4-1所示。

① 选择“钢笔工具”或者按快捷键“P”，属性栏设置如图2-4-2所示。随意绘制三个形状，如图2-4-3所示。打开“图层”面板，如图2-4-4所示。

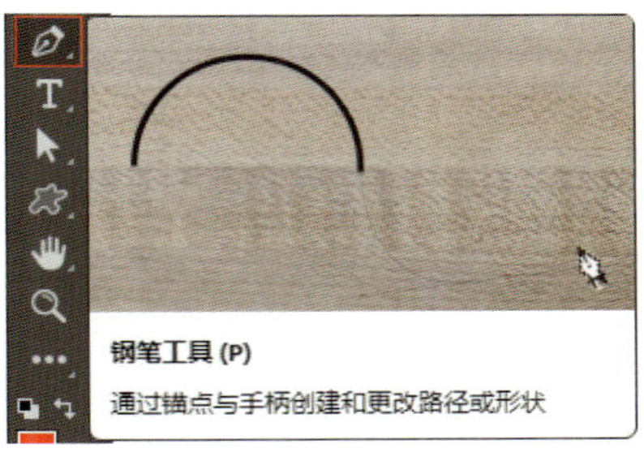

图2-4-1

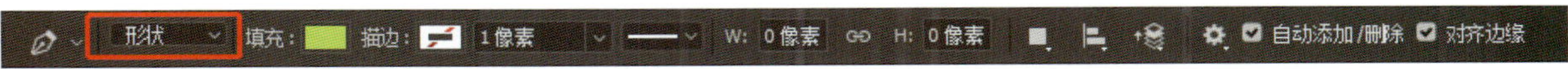

图2-4-2

图2-4-3

图2-4-4

②选择“钢笔工具”，属性栏设置如图2-4-5所示。勾画路径，效果如图2-4-6所示。选择“转换点工具”，如图2-4-7所示。将新增锚点拖拽至合适位置，如图2-4-8所示。

③路径的删除。选择“钢笔工具”，切换至“删除锚点工具”，如图2-4-9所示。点选需要删除的路径，按“Delete”键。

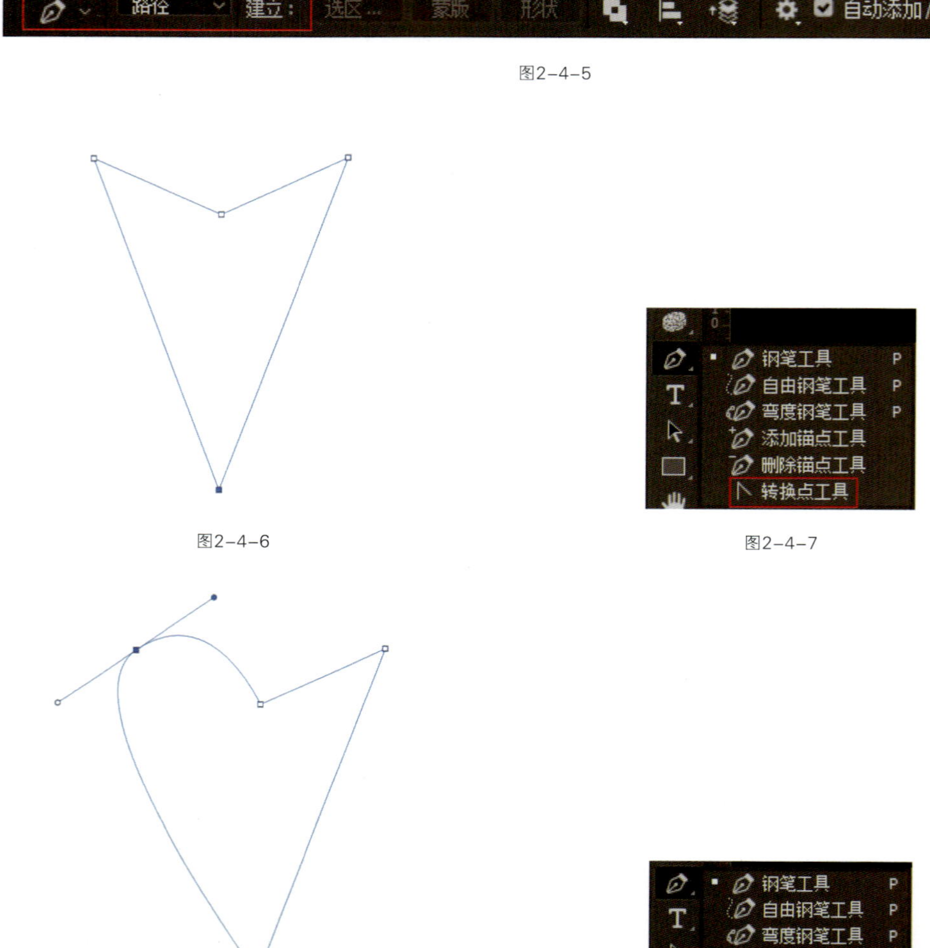

图2-4-5

图2-4-6

图2-4-7

图2-4-8

图2-4-9

2.4.2 文字工具（快捷键T）

“文字工具”如图2-4-10所示。

①“文字工具”包含“横排文字工具”“直排文字工具”“横排文字蒙版工具”“直排文字蒙版工具”，如图2-4-11所示。属性栏如图2-4-12所示，可以设置文字字体、颜色、大小等属性，直接

点击可以输入文字，如图2-4-13所示。“图层”面板如图2-4-14所示。在文字图层上点击右键，执行“栅格化文字”命令，可将文字图层转化为普通图层，如图2-4-15所示。

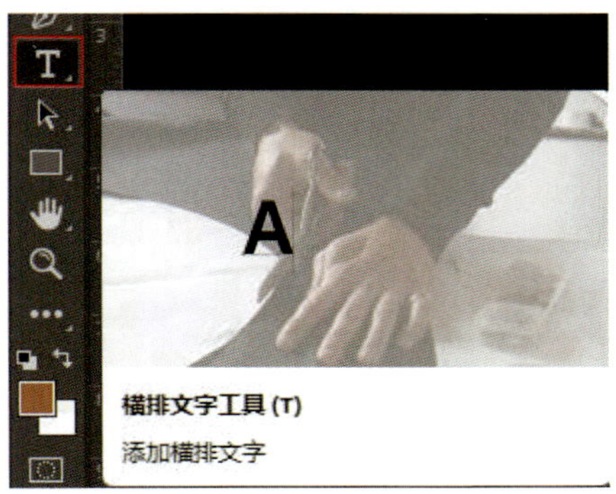

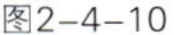
图2-4-10

图2-4-11

图2-4-12

THANK YOU FOR YOU

图2-4-13

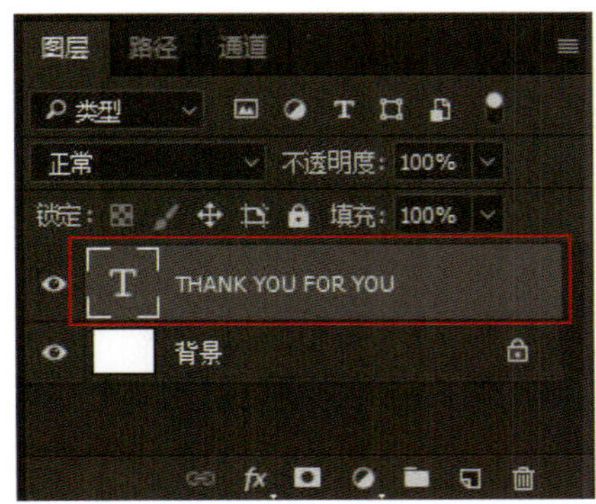

图2-4-14

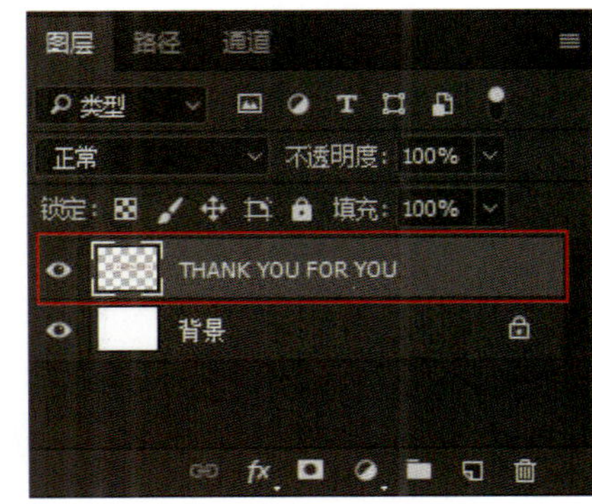

图2-4-15

② 文字围绕路径。选择“椭圆工具”，按“Shift”键，绘制正圆路径，如图2-4-16所示。选择“文字工具”，在正圆路径上单击，输入文字，如图2-4-17所示，隐藏路径如图2-4-18所示。

③ 直排文字。选择“直排文字工具”，如图2-4-19所示。输入文字，如图2-4-20所示。

图2-4-16　　图2-4-17　　图2-4-18

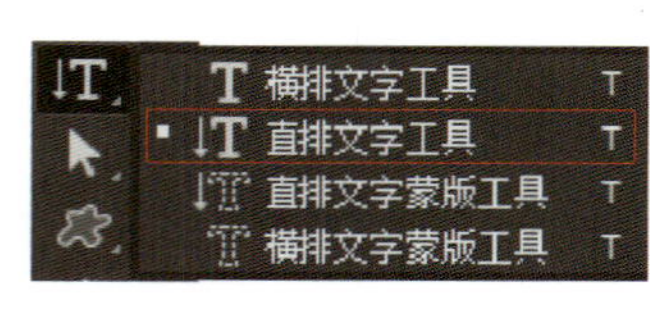

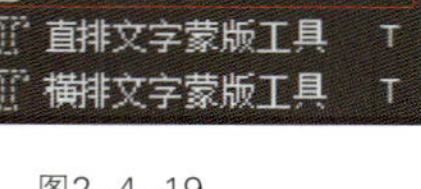

图2-4-19

图2-4-20

④ 蒙版文字，点击“横排文字蒙版工具”，输入内容，然后再点击“移动工具”，即可产生文字选区效果，如图2-4-21所示。

THANK YOU FOR YOU

THANK YOU FOR YOU

图2-4-21

2.5 实例：海报设计

2.5.1 设计要求

主要通过“矩形工具”“文字工具”“矩形选框工具”“描边”等的综合使用完成“海报设计”制作，设计效果如图2-5-1所示。

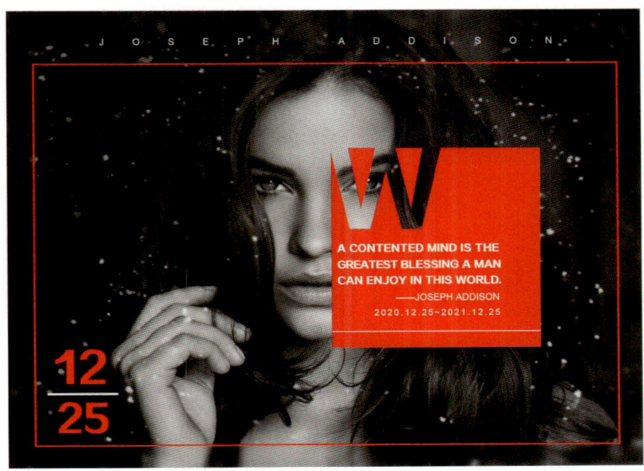

图2-5-1

2.5.2 制作步骤

① 新建文件，命名为“海报设计”，宽度26厘米，高度20厘米，分辨率150像素/英寸，如图2-5-2所示。

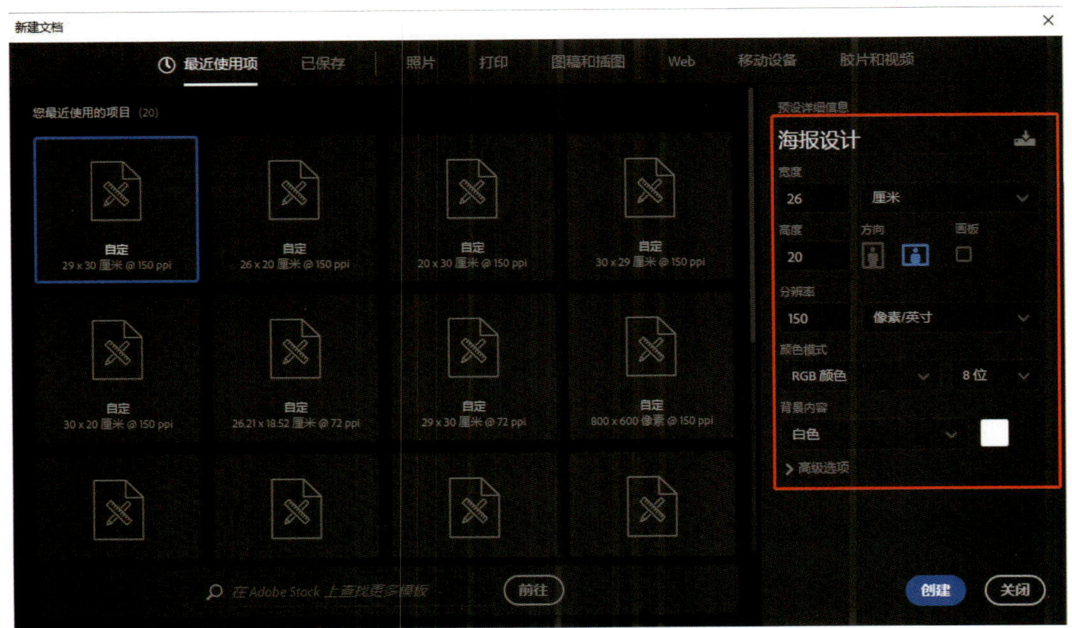

图2-5-2

②打开素材“1”，选择“移动工具”将其拖入新建“海报设计”文件中，调整好位置。按“Ctrl+T”选中图像后，可调整其大小，按“Enter”键取消选择。选择“图像—调整—黑白”，效果如图2-5-3所示。

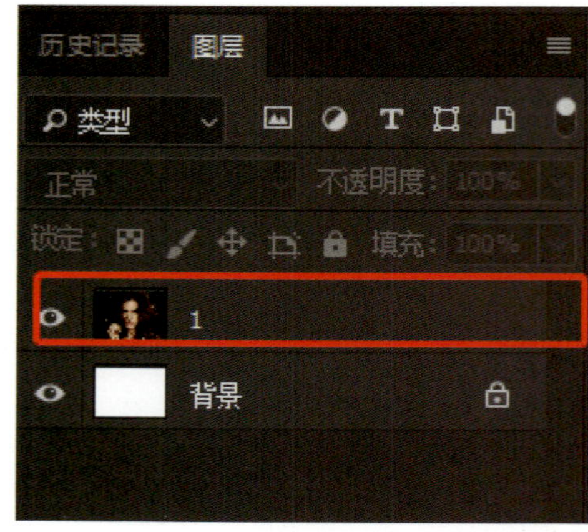

图2-5-3

③新建“图层1”，选择“矩形工具”，如图2-5-4所示。在画板中绘制矩形图形并填充红色，R：250，G：0，B：0，如图2-5-5所示。

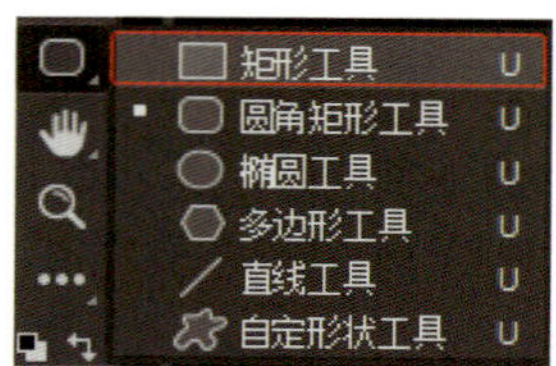

图2-5-4

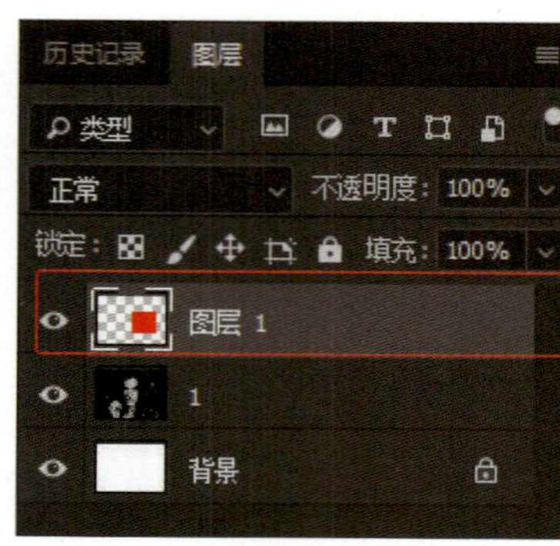

图2-5-5

④选择“文字工具”，输入“W”，按住“Ctrl+Alt”键，鼠标同时点选文字“W”图层，效果如图2-5-6所示。

图2-5-6

⑤ 在文字“W”被选中的状态下，选择“图层1”，按“Delete”键删除“W”，然后将文字层“指示图层可见性”关闭，效果如图2-5-7所示。

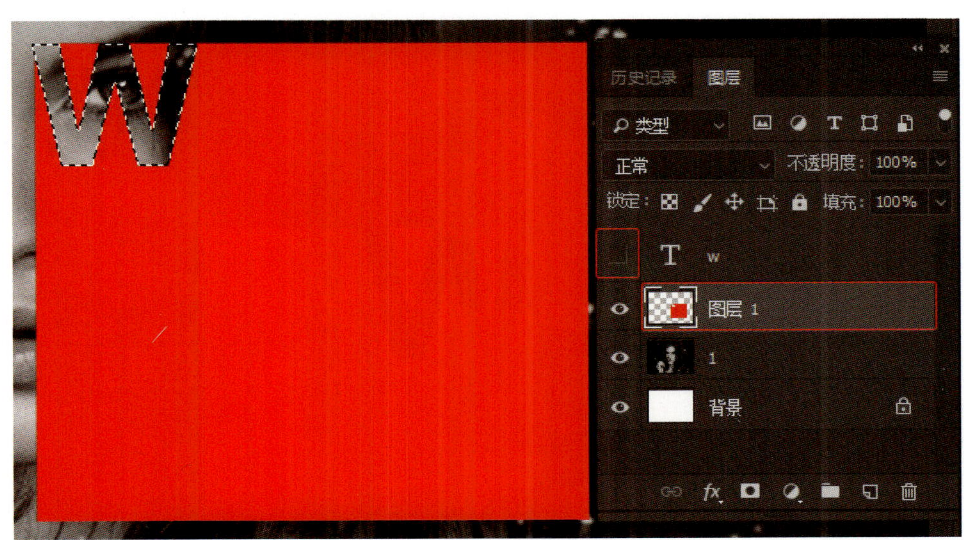

图2-5-7

⑥ 选择“文字工具”在相应位置输入文字，效果如图2-5-8所示。

⑦ 新建“图层2”，选择“矩形选框工具”，在相应位置绘制线条，并填充白色，效果如图2-5-9所示。

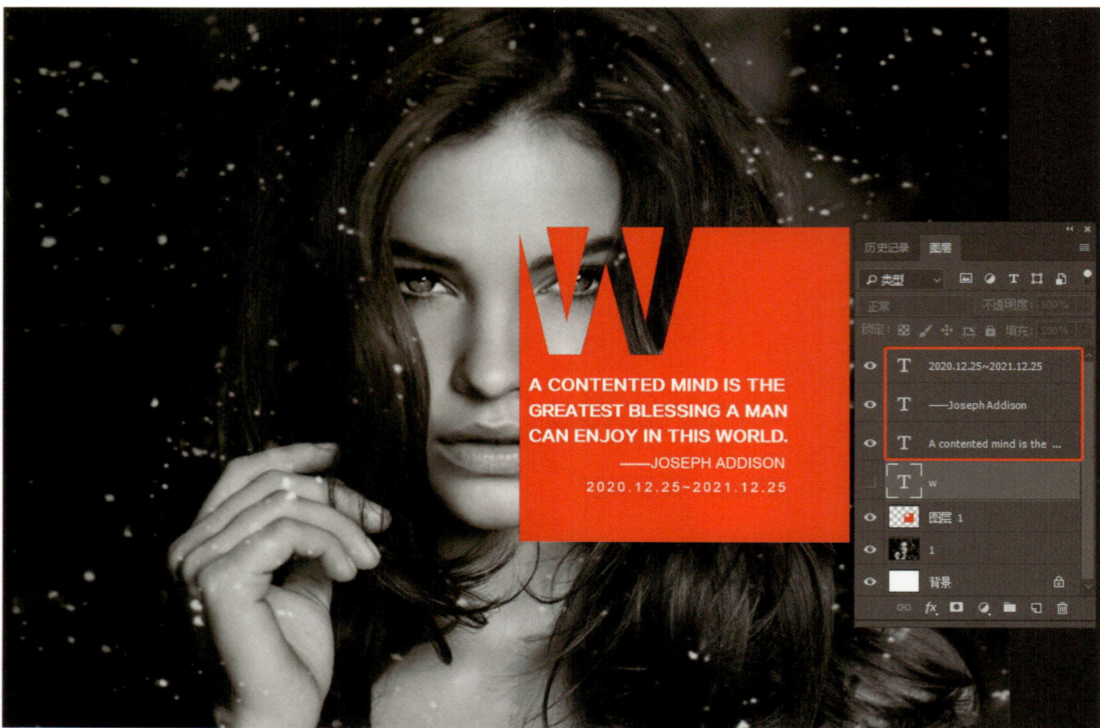
W
A CONTENTED MIND IS THE
GREATEST BLESSING A MAN
CAN ENJOY IN THIS WORLD.
——JOSEPH ADDISON
2020.12.25~2021.12.25
历史记录
图层
2020.12.25~2021.12.25
——Joseph Addison
A contented mind is the ...
w
图层 1
1
背景

图2-5-8

W
A CONTENTED MIND IS THE
GREATEST BLESSING A MAN
CAN ENJOY IN THIS WORLD.
——JOSEPH ADDISON
2020.12.25~2021.12.25
历史记录
图层
正常
不透明度: 100%
锁定:
填充: 100%
图层 2
2020.12.25~2021.12.25
——Joseph Addison
A contented mind is the ...
w
图层 1
1

图2-5-9

⑧ 新建"图层3"，选择"矩形选框工具"，在相应位置绘制矩形，执行"编辑—描边"命令，将描边颜色设为红色，R：255，G：0，B：0，描边宽度5像素，效果如图2-5-10所示。

⑨ 选择"文字工具"，输入相应文字并做最后调整，效果如图2-5-1所示。

图2-5-10

第 3 章　图层

学习内容： 本章主要讲解图层的概念、特征及图层的基本编辑方法，利用图层样式、图层混合模式进行特效制作。

学习重点： 了解图层样式及图层混合模式各个种类的制作效果。

学习难点： 有效分析案例需求，准确选择、使用图层样式、图层模式制作特殊效果。

3.1 图层简介

3.1.1 图层的认知

“图层”面板是Photoshop的核心概念面板，可以说一切画面元素都是从图层这个概念来展开的。“图层”面板快捷键打开方式是“F7”。“图层”面板常用功能有如下四个：新建图层、删除图层、隐藏图层、锁定图层，如图3-1-1所示。

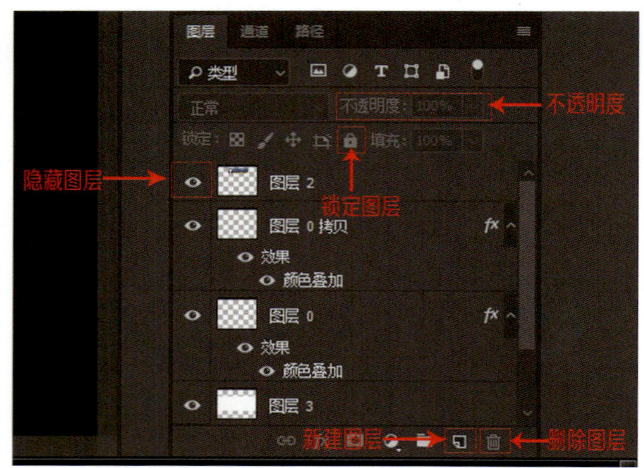

图3-1-1

3.1.2 图层的特点

① 图层就像一张张叠在一起的胶片，最上层的图像挡住下面的图像。

② 上层图像中没有像素的地方为透明区域，通过透明区域可以看到下一层的图像。

③ 图层是相对独立的，在一个图层编辑时，不影响其他层。

④ 每次只能在一个图层上工作，不能同时编辑多个图层。

3.1.3 图层编辑

3.1.3.1 新建图层以及图层关系

① 在“图层”面板右下角从右往左数第二个功能为“创建新图层”图标，新建图层后会在原有的图层上出现新的图层，新出现的图层只要出现像素绘制就能覆盖下方图层，俗称“上盖下图层原则”，如图3-1-2所示。

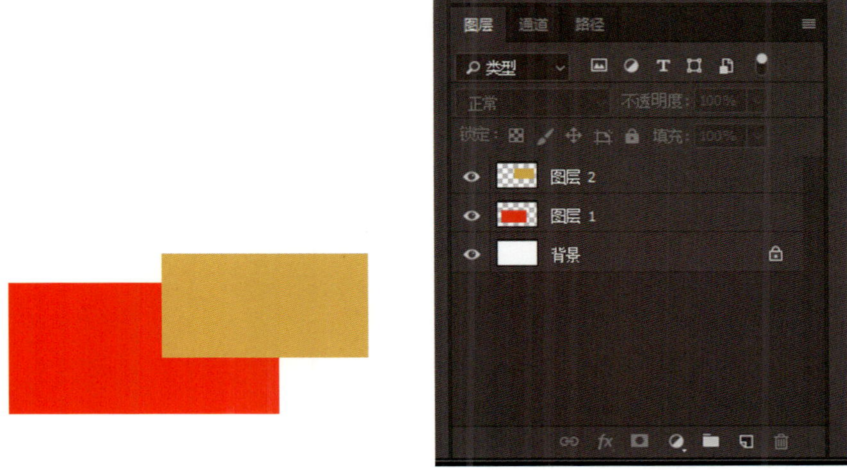

图3-1-2

② 新建文件（大小为A4，分辨率为300像素/英寸），新建图层，并利用“矩形选框工具”在新建的“图层1”上面拉出一个随意大小的矩形，如图3-1-3所示。

图3-1-3

③ 鼠标右击选择“填充—前景色”，如图3-1-4所示，也可点击工具栏面板上的工具，上方的色块为前景色，后方的色块为背景色，通过键可以随机互换前景色与背景色，完成填充后右击鼠标选择“取消选择”，第一个图层就算完成了。

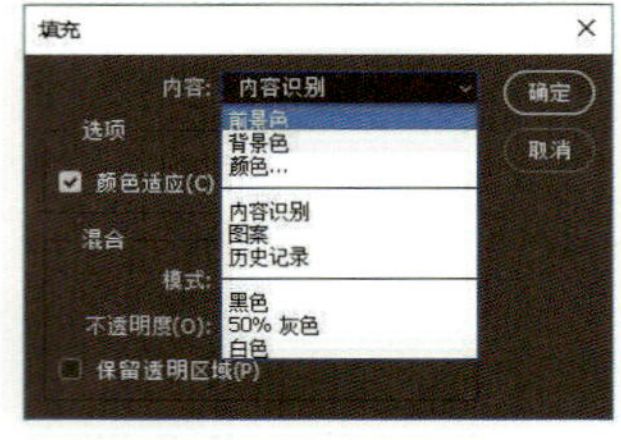

图3-1-4

④ 图层的重命名。双击“图层1”，如图3-1-5所示。重新命名为“红色”，如图3-1-6所示。

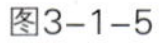

图3-1-5

图3-1-6

⑤ 用同样的方式新建“图层2”，并命名为“黄色”。利用“矩形选框工具”在新建的“黄色”图层上拉出一个矩形并完成填充，如图3-1-7所示。

图3-1-7

⑥ 使用“移动工具”把“红色”层移动到“黄色”层上方，红色会覆盖黄色，如图3-1-8所示。

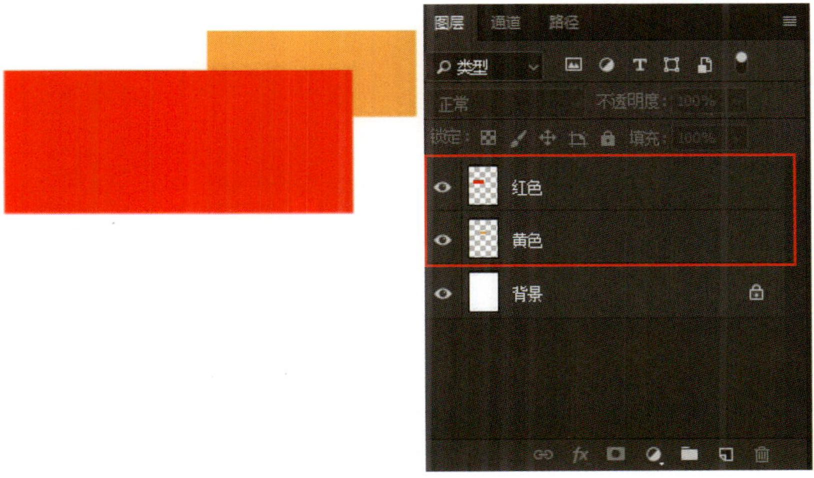

图3-1-8

3.1.3.2 复制图层

新建“图层1”，在“图层1”上单击鼠标左键不要松开，将其拖拽至图层面板底部“创建新图层”图标上，松开左键即可完成图层复制，如图3-1-9所示。

3.1.3.3 合并图层

新建三个图层（“图层1”“图层2”“图层3”）。在“图层2”上，单击鼠标左键，“图层2”被选中呈现灰色，如图3-1-10所示。按“Ctrl+E”组合键或右键选择“向下合并”即可完成图层合并，如图3-1-11所示。

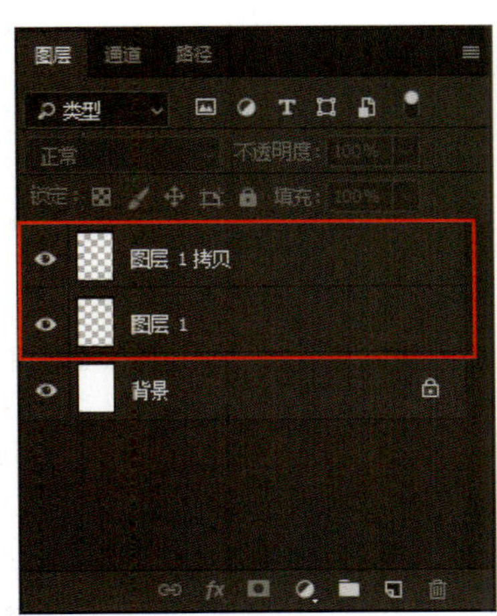

图3-1-9

图3-1-10

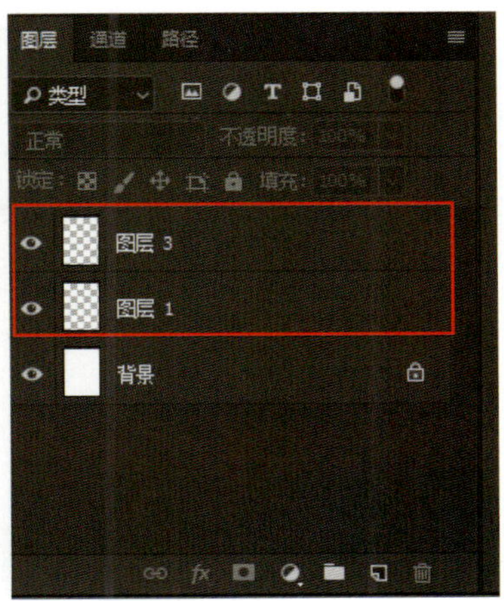

图3-1-11

3.1.3.4 显示与隐藏图层

新建三个图层（“黄色”“绿色”“红色”），如图3-1-12所示。将“红色”层前边的眼睛关闭，表示该图层被隐藏，如图3-1-13所示，反之则表示显示。

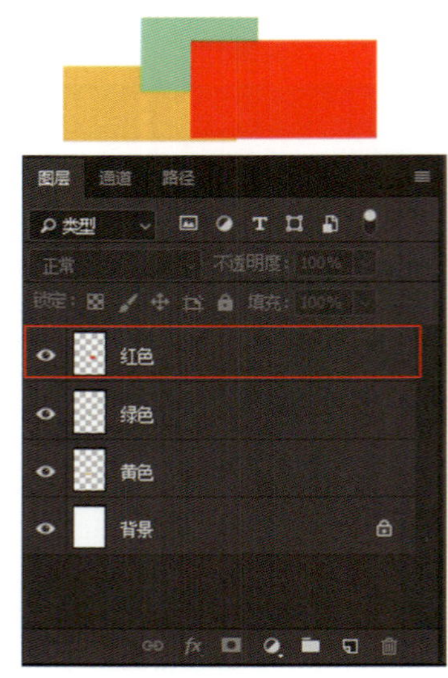

图3-1-12

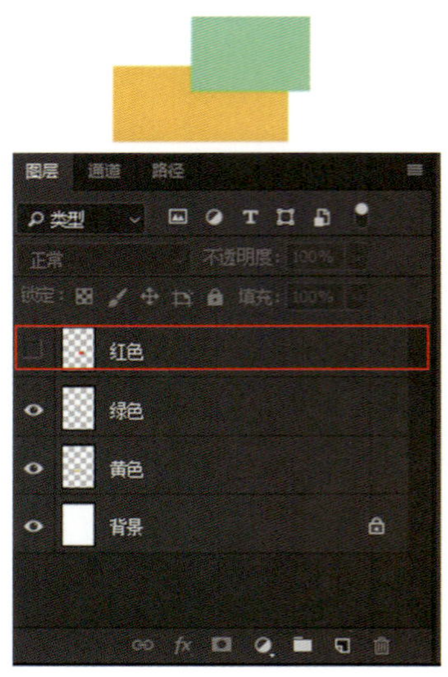

图3-1-13

3.1.3.5 删除图层

选中要删除的图层，按下鼠标左键不要松开，将其拖拽至“图层”面板的“删除图层”图标上，也可单击鼠标右键，执行“删除图层”命令。

3.1.3.6 图层对齐

新建三个图层，分别命名为“185PX”“150PX”“85PX”。在三个图层上分别绘制不同大小与颜色的圆，按住键盘上的“Ctrl”键不松开，依次选中三个图层，如图3-1-14所示。选择工具栏中的“移动工具”，可对其进行垂直居中对齐、水平居中对齐等操作，如图3-1-15所示。

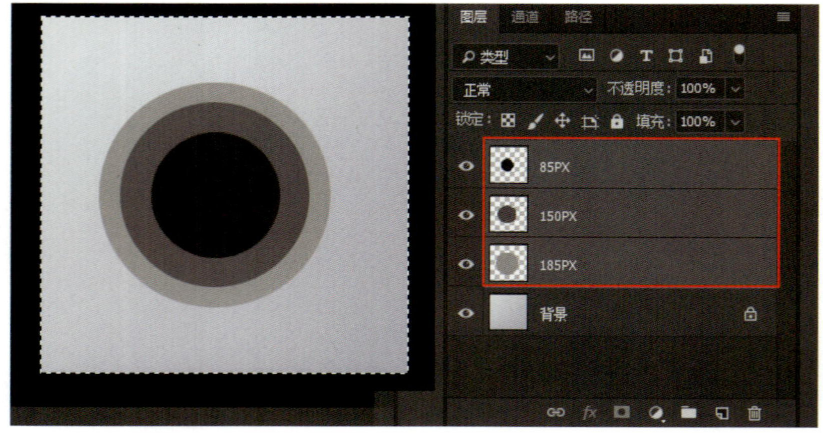

图3-1-14

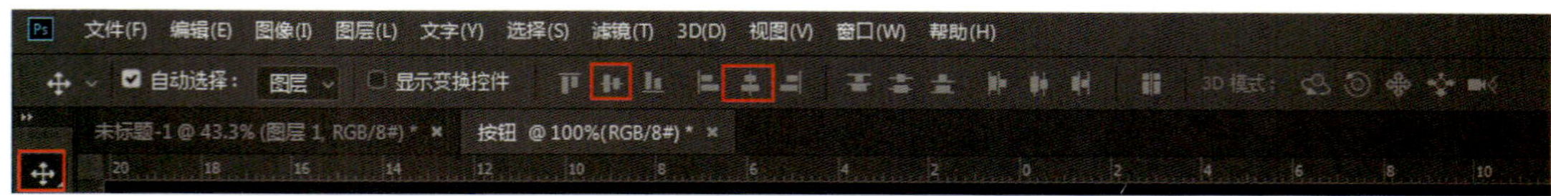

图3-1-15

3.2 图层样式

3.2.1 图层样式的认知

图层样式是Photoshop中的一个用于制作各种效果的强大功能。利用图层样式功能，可以简单快捷地制作出各种立体投影、各种质感以及光景效果的图像特效。与不用图层样式的传统操作方法相比较，图层样式具有速度更快、效果更精确、可编辑性更强等无法比拟的优势。

3.2.2 图层样式的特点

① 通过不同的图层样式选项设置，可以很容易地模拟出各种效果。这些效果利用传统的制作方法会比较难以实现，或者根本不能制作出来。

② 图层样式可以被应用于各种普通的、矢量的和特殊属性的图层上，几乎不受图层类别的限制。

③ 图层样式具有极强的可编辑性，当图层中应用了图层样式后，会随文件一起保存，可以随时进行参数选项的修改。

④ 图层样式的选项非常丰富，通过不同选项及参数的搭配，可以创作出变化多样的图像效果。

⑤ 图层样式可以在图层间进行复制、移动，也可以存储成独立的文件，将工作效率最大化。

3.2.3 图层样式的种类

选中需要编辑的图层，如图3-2-1中第一步所示，选择“图层”面板中的fx，便可打开“图层样式”对话框，如图3-2-1第二步所示。常用的图层样式有如下10种。下面以红色圆形来展示10种图层样式效果。

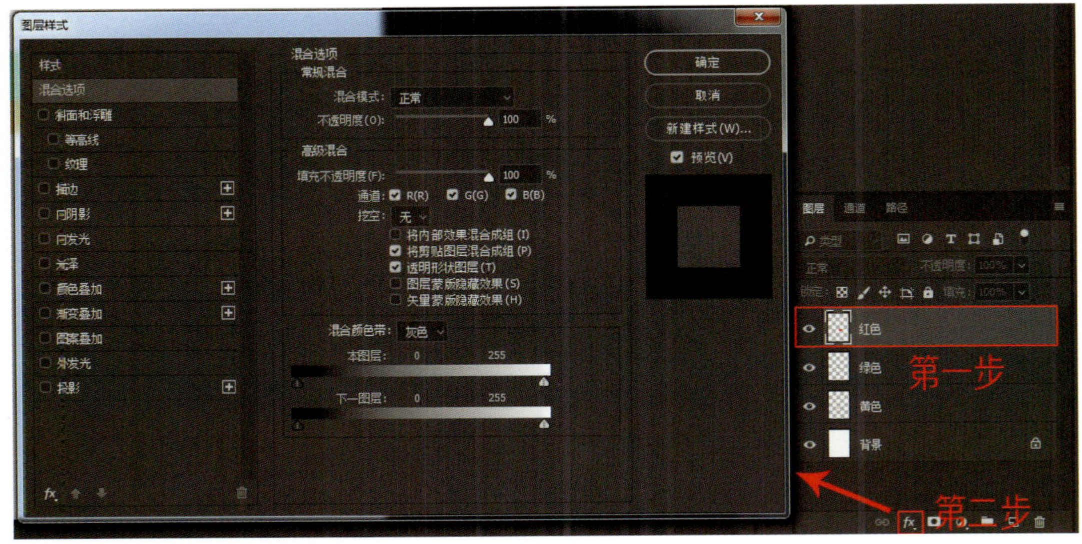

图3-2-1

①“投影”：将为图层上的对象、文本或形状后面添加阴影效果。“投影”参数由“混合模式”“不透明度”“角度”“距离”“扩展”和“大小”等各种选项组成，通过对这些选项的设置可以得到需要的效果，如图3-2-2所示。

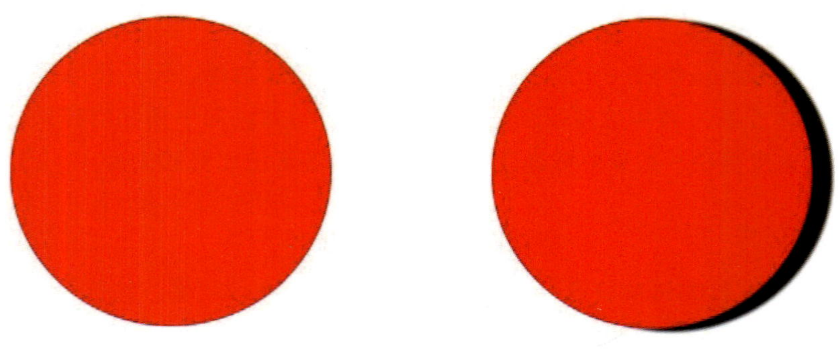

图3-2-2

②“内阴影”：在对象、文本或形状的内边缘添加阴影，让图层产生一种凹陷外观，效果如图3-2-3所示，“内阴影”效果对文本对象效果更佳。

图3-2-3

③“外发光”：将从图层对象、文本或形状的边缘向外添加发光效果。设置参数可以让对象、文本或形状更精美，效果如图3-2-4所示。

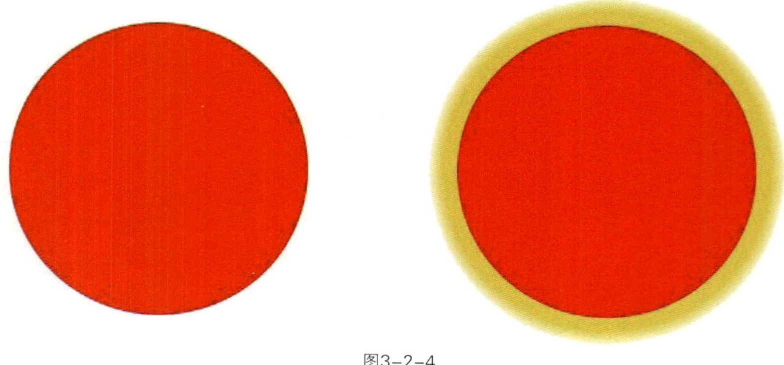

图3-2-4

④“内发光”：将从图层对象、文本或形状的边缘向内添加发光效果，效果如图3–2–5所示。

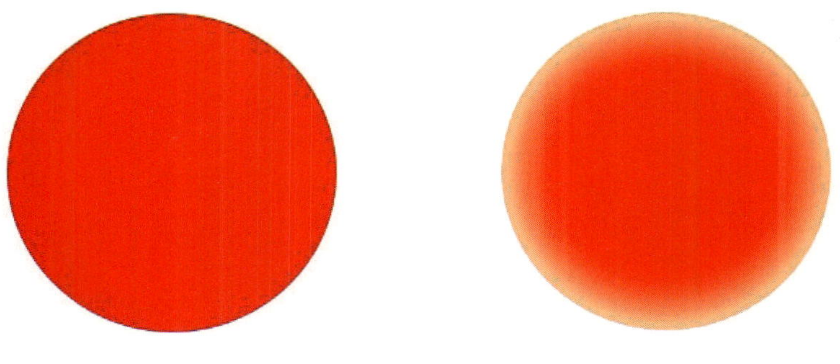

图3–2–5

⑤“斜面和浮雕”：“样式”下拉菜单将为图层添加高亮显示和阴影的各种组合效果。

“外斜面”：沿对象、文本或形状的外边缘创建三维斜面，效果如图3–2–6所示。

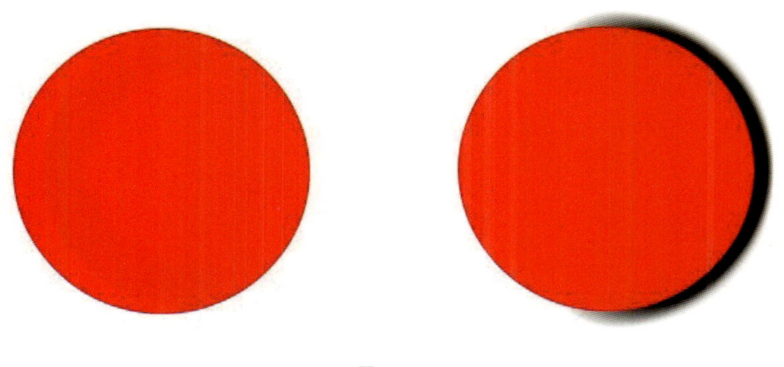

图3–2–6

“内斜面”：沿对象、文本或形状的内边缘创建三维斜面，效果如图3–2–7所示。

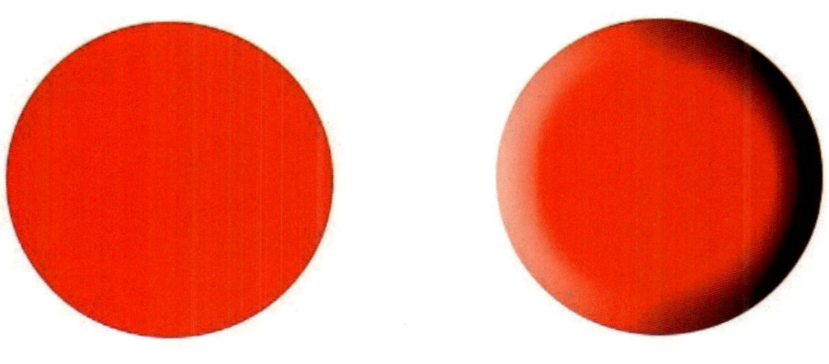

图3–2–7

“浮雕效果”：创建“外斜面”和“内斜面”的组合效果，效果如图3-2-8所示。

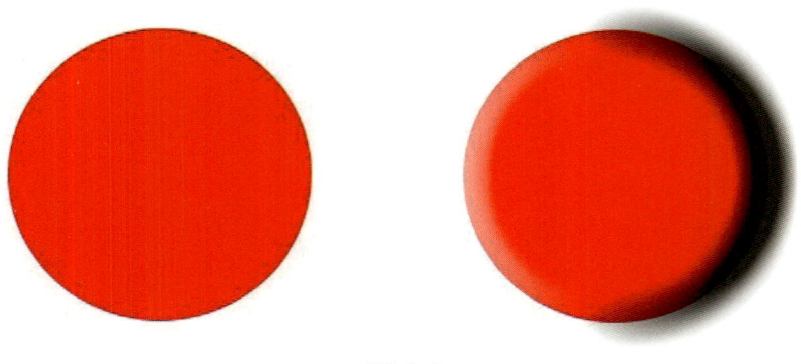

图3-2-8

“枕状浮雕”：创建“内斜面”的反相效果，其中对象、文本或形状看起来下沉，效果如图3-2-9所示。

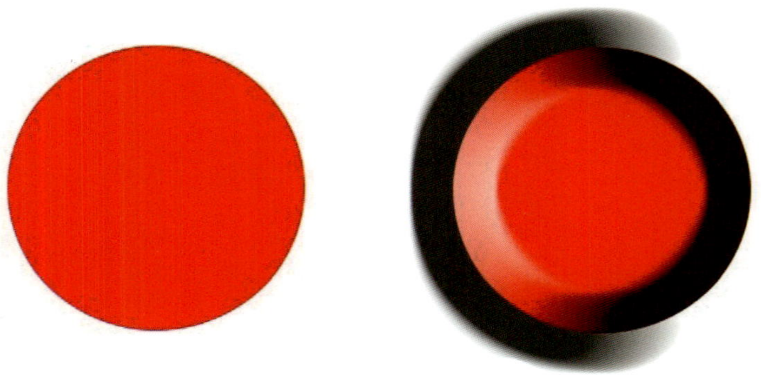

图3-2-9

“描边浮雕”：只适用于描边对象，即在应用“描边浮雕”效果时才打开描边效果，效果如图3-2-10所示。

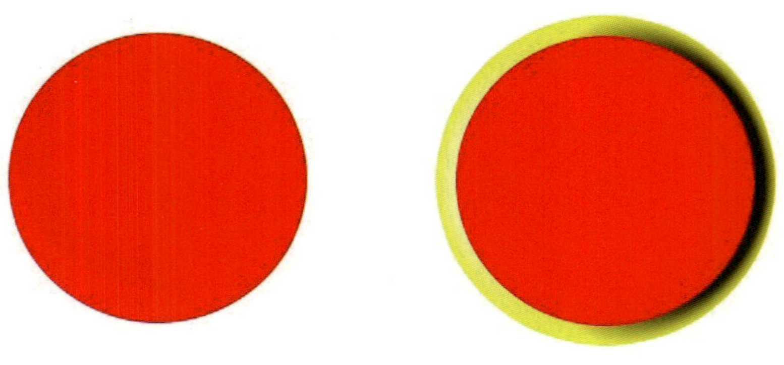

图3-2-10

⑥“光泽”：将对图层对象内部应用“阴影”，与对象的形状互相作用，通常用于创建规则的波浪形状，产生光滑的磨光及金属效果，效果如图3–2–11所示。

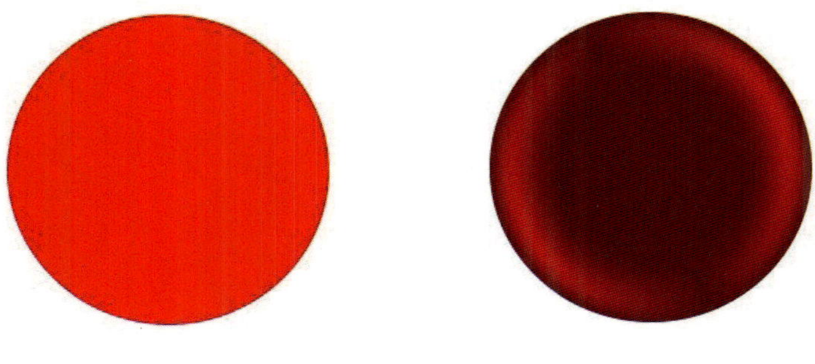

图3–2–11

⑦“颜色叠加”：将在图层对象上叠加一种颜色，即用一层纯色填充到应用样式的对象上。从“拾色器（叠加颜色）”中选择任意颜色，效果如图3–2–12所示。

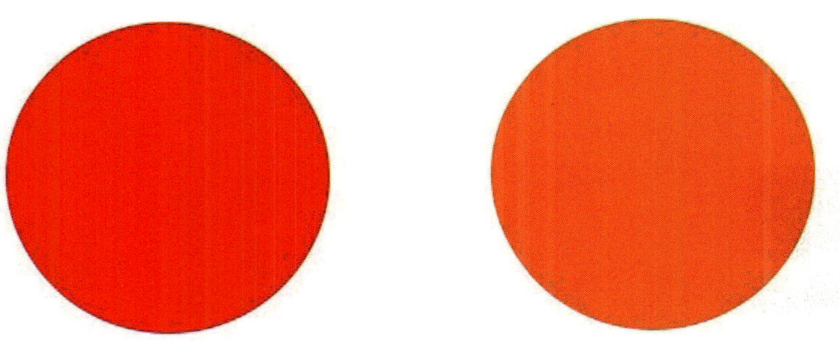

图3–2–12

⑧“渐变叠加”：将在图层对象上叠加一种渐变颜色，即用一层渐变颜色填充到应用样式的对象上。通过“渐变编辑器”还可以选择使用其他的渐变颜色，效果如图3–2–13所示。

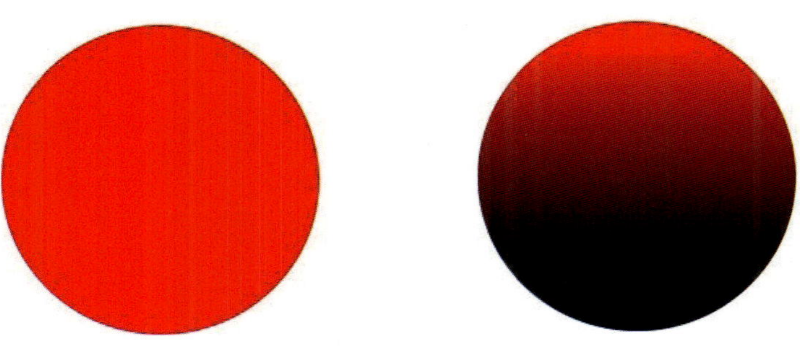

图3–2–13

⑨“图案叠加”：将在图层对象上叠加图案，即用一致的重复图案填充对象。从“图案拾色器”中还可以选择其他的图案，效果如图3–2–14所示。

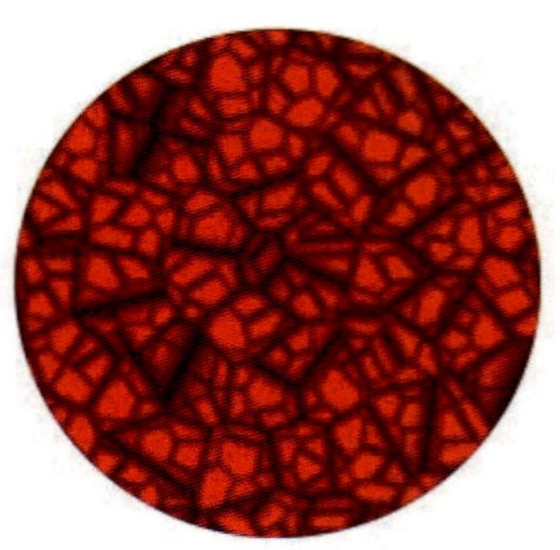

图3–2–14

⑩ 描边：使用颜色、渐变颜色或图案描绘当前图层上的对象、文本或形状的轮廓，对于边缘清晰的形状（如文本），这种效果尤其有用，效果如图3–2–15所示。

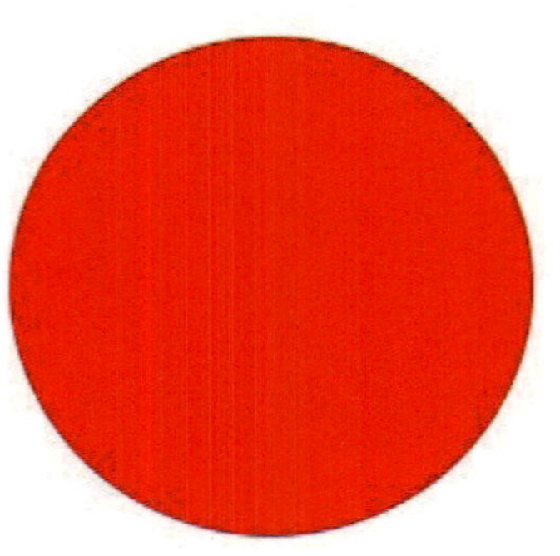

图3–2–15

3.2.4 图层样式参数设置介绍

在图层样式对话框中，选择不同的图层样式，比如“投影”“内阴影”等，则会弹出相应的样式参数设置对话框，如图3–2–16所示。

① 混合模式：不同混合模式选项。

② 色彩样本：有助于修改阴影、发光和斜面等的颜色。

③ 不透明度：减小其值将产生透明效果（0=透明，100=不透明）。

④ 角度：控制光源的方向。

⑤ 使用全局光：可以修改对象的阴影、发光和斜面角度。

⑥ 距离：确定对象和效果之间的距离。

⑦ 扩展：“扩展”主要用于“投影”和“外发光”样式，从对象的边缘向外扩展效果。
⑧ 大小：确定效果影响的程度以及从对象的边缘收缩的程度。
⑨ 消除锯齿：打开此复选框时，将柔化图层对象的边缘。
⑩ 深度：此选项是应用“斜面和浮雕”的边缘深浅度。

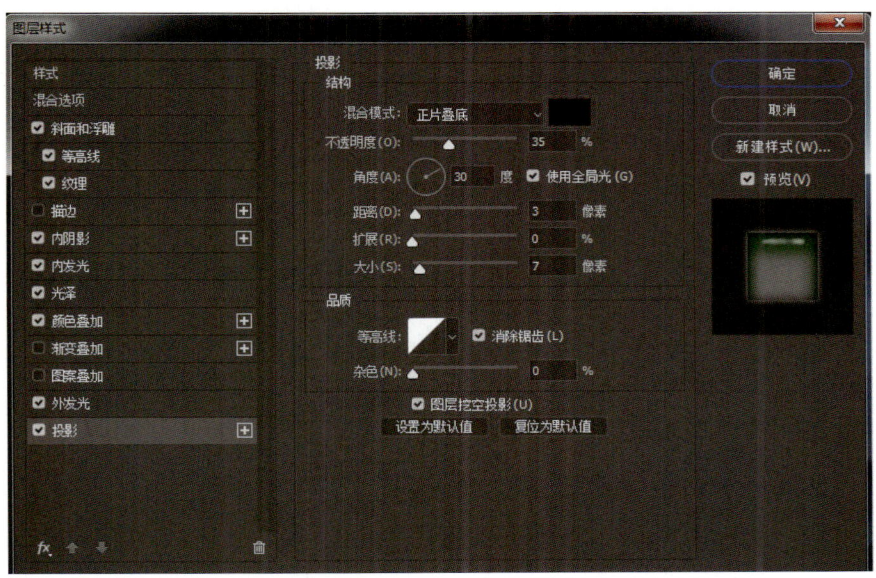

图3-2-16

3.3 实例：玉的制作

（1）设计要求。

主要通过“斜面与浮雕”“等高线”“光泽”“颜色叠加”等数值的调整来完成“玉”的制作，效果如图3-3-1所示。

图3-3-1

（2）制作步骤。

① 新建文件，命名为“玉”，宽度21厘米，高度30厘米，分辨率100像素/英寸。

② 新建“图层1”，选择“椭圆选框工具”，按住“Shift”键，绘制正圆。设置前景色为“绿色”，并使用“油漆桶”填充颜色如图3-3-2所示。

③ 选择“椭圆选框工具”，在绘制好的正圆中心绘制小圆，并按住“Delete”键，删除所选区域，如图3-3-3所示。

图3-3-2　　图3-3-3

④ 给图层添加“图层样式”，选择“内阴影”，调节数值如图3-3-4所示。

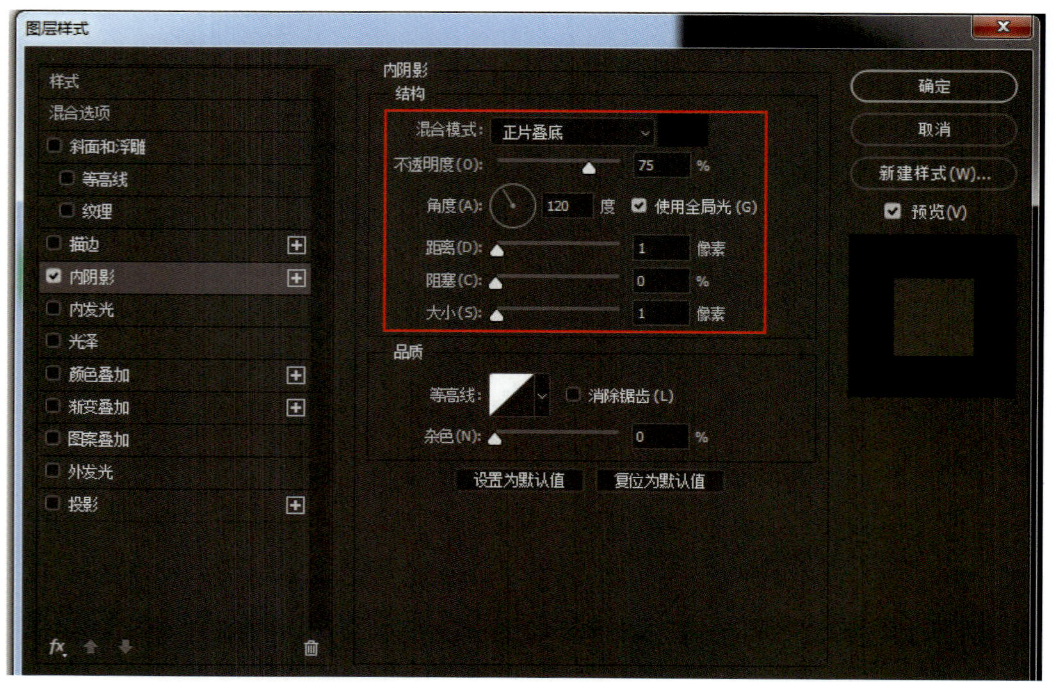

图3-3-4

⑤ 依次调节“内发光”“斜面和浮雕”“等高线”“光泽”“颜色叠加”等数值，如图3-3-5至图3-3-9所示。

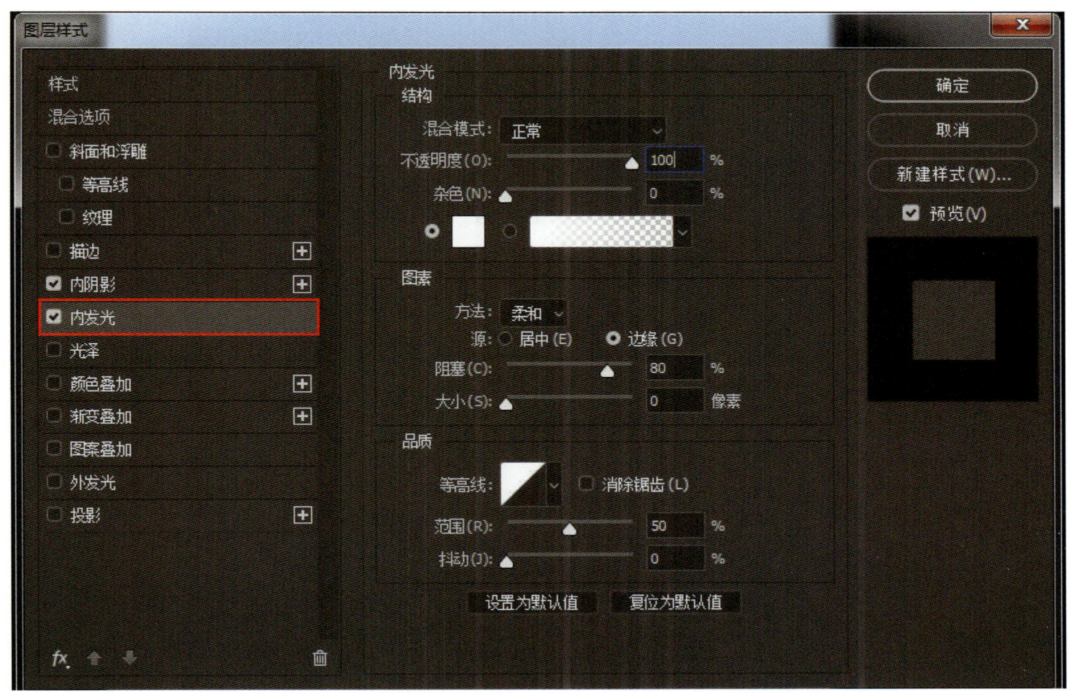

图3-3-5

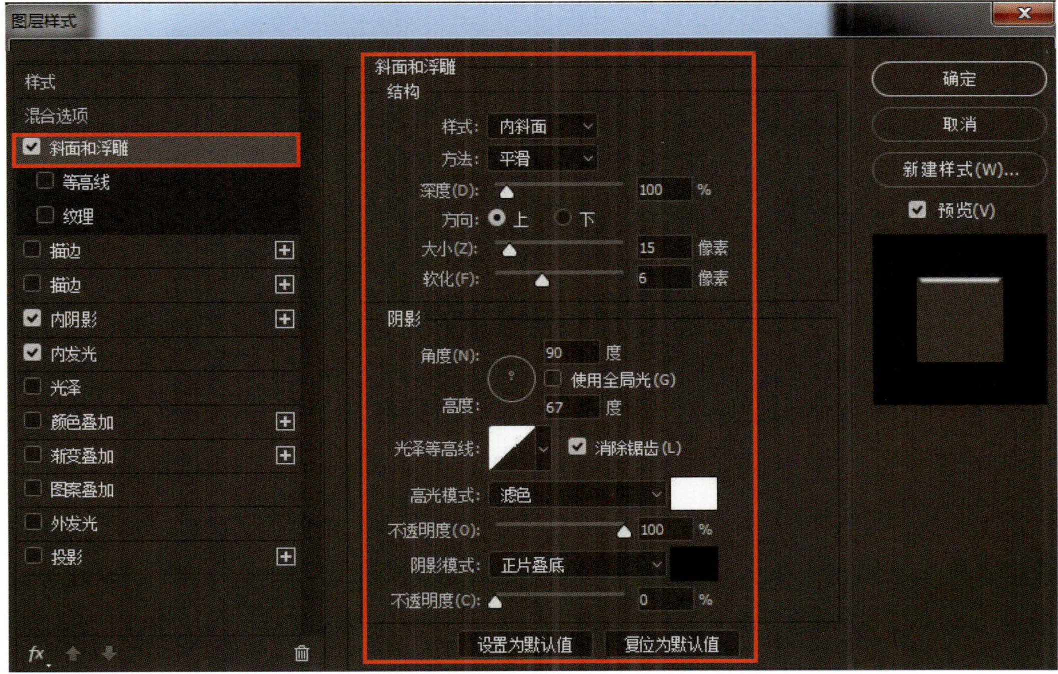

图3-3-6

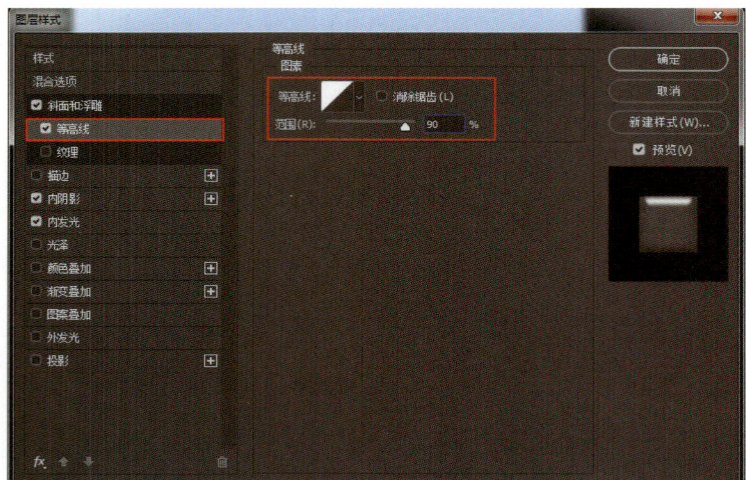

图3-3-7

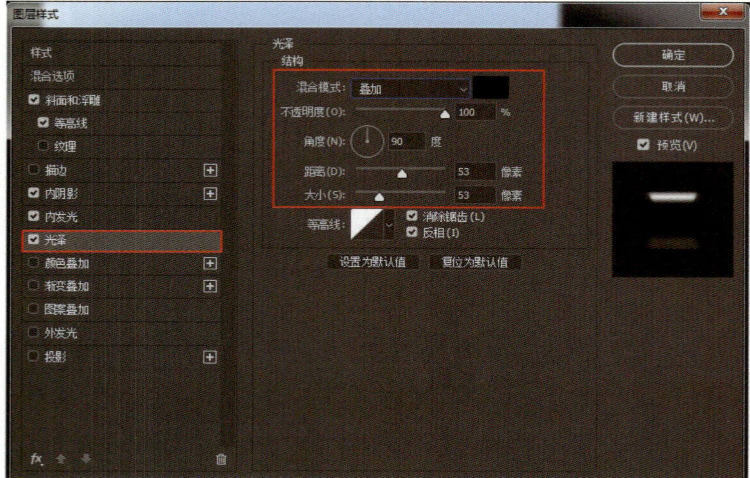

图3-3-8

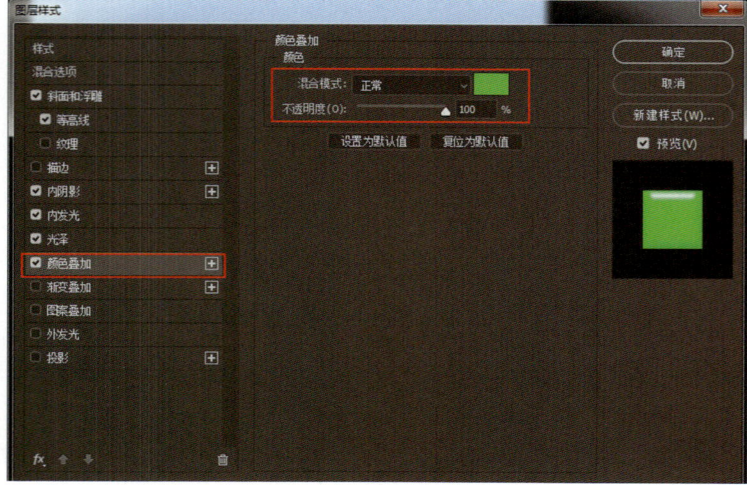

图3-3-9

⑥ 玉的最终效果，如图3-3-10所示。

图3-3-10

⑦ 添加“背景”图片，并将玉放置于“背景”中，如图3-3-11所示。

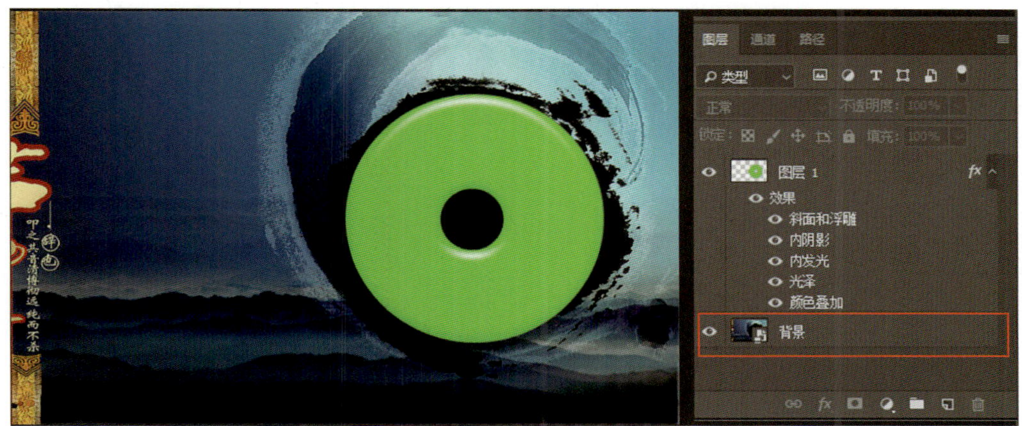

图3-3-11

⑧ 保存为JPG格式输出，最终效果如图3-3-1所示。

3.4 实例：按钮的制作

（1）设计要求。

主要通过“斜面和浮雕”“内阴影”“投影”“颜色叠加”等数值的调整完成“按钮”的制作，最终效果如图3-4-1所示。

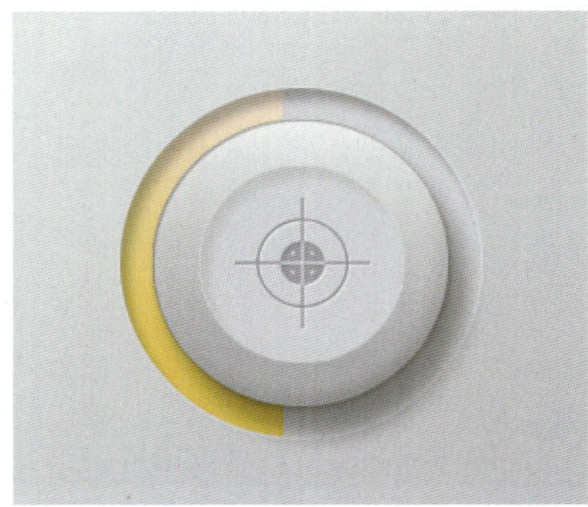

图3-4-1

（2）制作步骤。

① 新建文件，命名为“按钮”。高300像素，宽300像素，分辨率72像素/英寸。

② 选择“渐变工具”，为背景图层填充渐变，如图3-4-2所示。

图3-4-2

③ 使用“椭圆选框工具”创建圆，并配合“Shift”键，画出正圆。半径和颜色分别设置为：185像素（R:169，G:169，B:169），150像素（R:104，G:102，B:103），85像素（R:49，G:49，B:49），如图3-4-3所示。

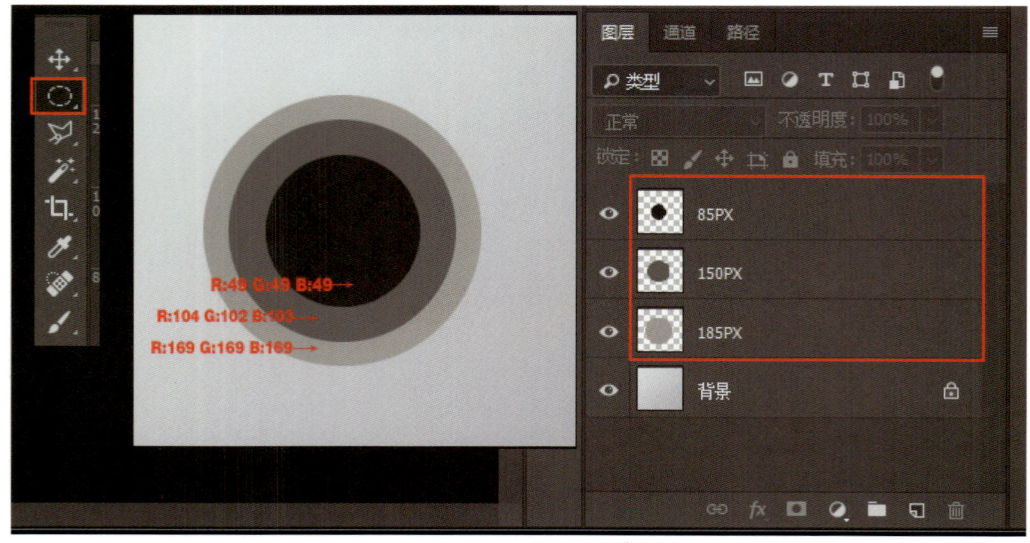

图3-4-3

④ 选中三个图层“185PX”“150PX”“85PX”，使用“移动工具”，进行垂直居中对齐、水平居中对齐。

⑤ 给图层“150PX”添加“图层样式”：“斜面和浮雕”如图3-4-4所示，“内阴影”如图3-4-5所示，“渐变叠加”如图3-4-6所示，“投影”如图3-4-7所示，最终效果如图3-4-8所示。

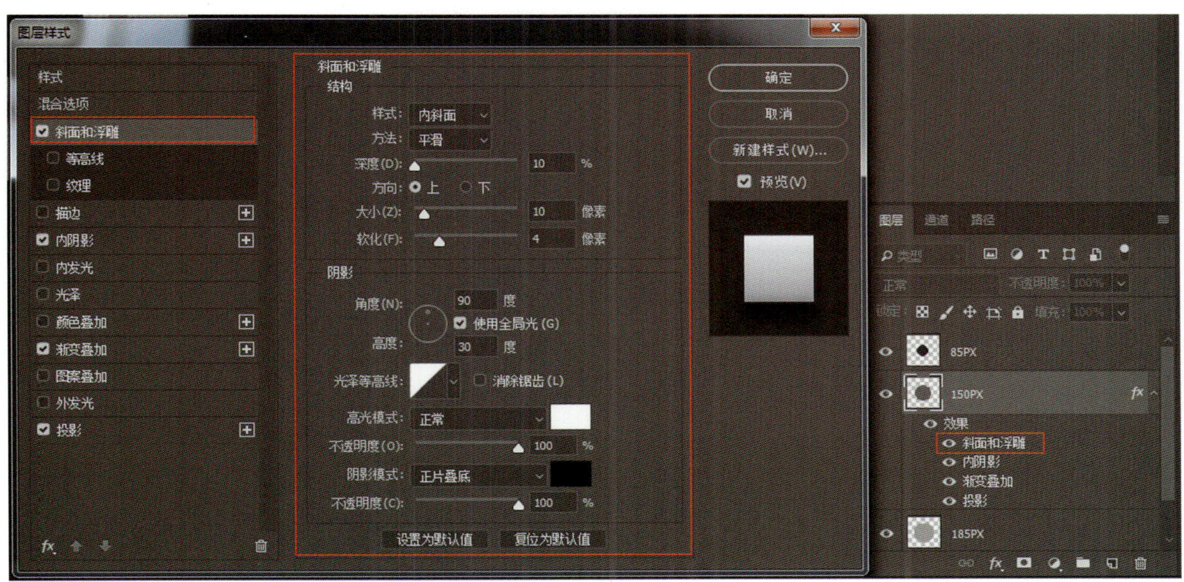

图3-4-4

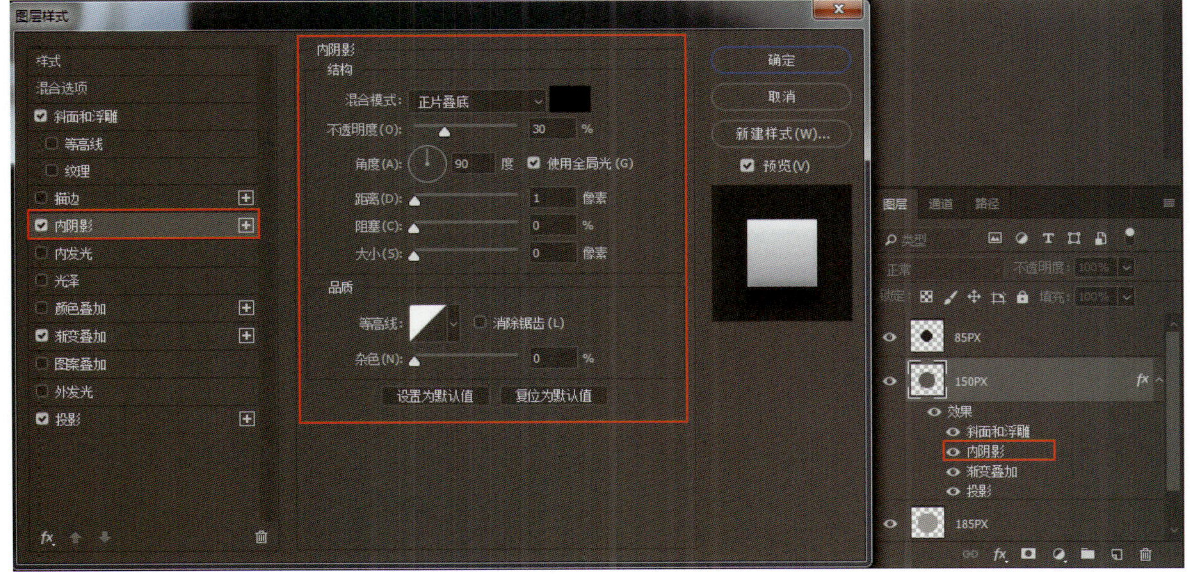

图3-4-5

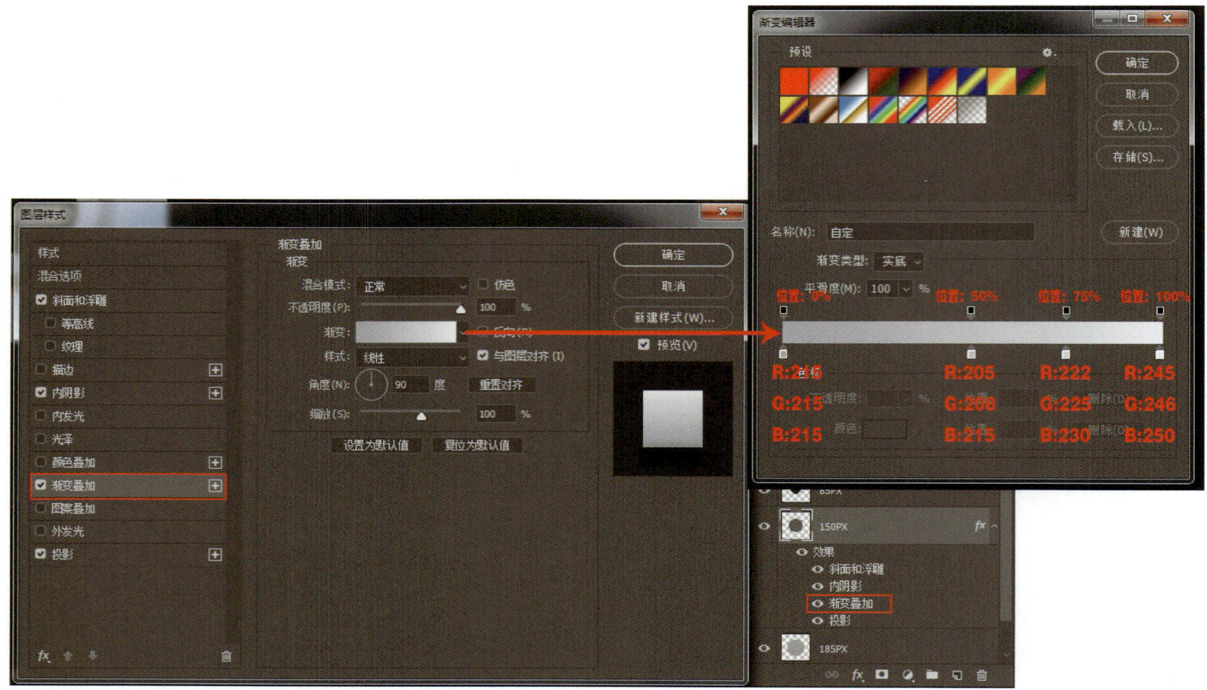

图层样式
样式
混合选项
斜面和浮雕
等高线
纹理
描边
内阴影
内发光
光泽
颜色叠加
渐变叠加
图案叠加
外发光
投影
渐变叠加
渐变
混合模式：正常
仿色
不透明度(P): 100 %
渐变：
反向(R)
样式：线性
与图层对齐(I)
角度(N): 90 度
重置对齐
缩放(S): 100 %
设置为默认值
复位为默认值
确定
取消
新建样式(W)...
预览(V)
渐变编辑器
预设
确定
取消
载入(L)...
存储(S)...
名称(N): 自定
新建(W)
渐变类型：实底
平滑度(M): 100 %
位置：0%
位置：50%
位置：75%
位置：100%
R:215
G:215
B:215
R:205
G:208
B:215
R:222
G:225
B:230
R:245
G:246
B:250
150PX
效果
斜面和浮雕
内阴影
渐变叠加
投影
185PX

图3-4-6

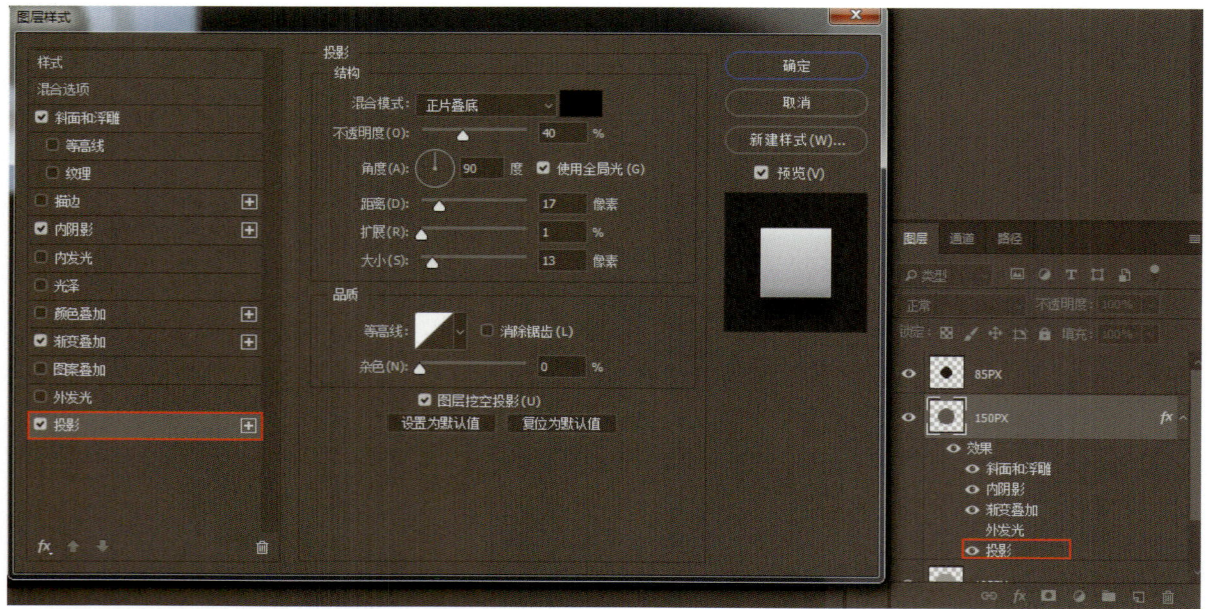

图层样式
样式
混合选项
斜面和浮雕
等高线
纹理
描边
内阴影
内发光
光泽
颜色叠加
渐变叠加
图案叠加
外发光
投影
投影
结构
混合模式：正片叠底
不透明度(O): 40 %
角度(A): 90 度
使用全局光(G)
距离(D): 17 像素
扩展(R): 1 %
大小(S): 13 像素
品质
等高线：
消除锯齿(L)
杂色(N): 0 %
图层挖空投影(U)
设置为默认值
复位为默认值
确定
取消
新建样式(W)...
预览(V)
图层
通道
路径
85PX
150PX
效果
斜面和浮雕
内阴影
渐变叠加
外发光
投影

图3-4-7

图3-4-8

⑥ 给图层“85PX”添加“图层样式”：“内阴影”如图3-4-9所示，“渐变叠加”如图3-4-10所示，“投影”如图3-4-11所示，最终效果如图3-4-12所示。

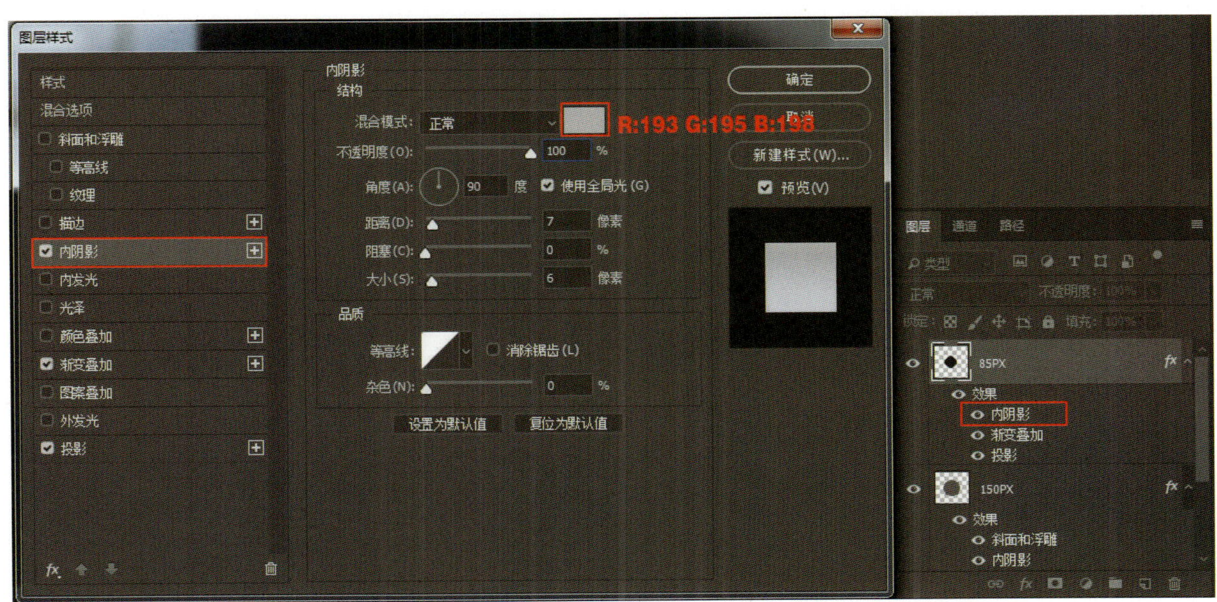

图3-4-9

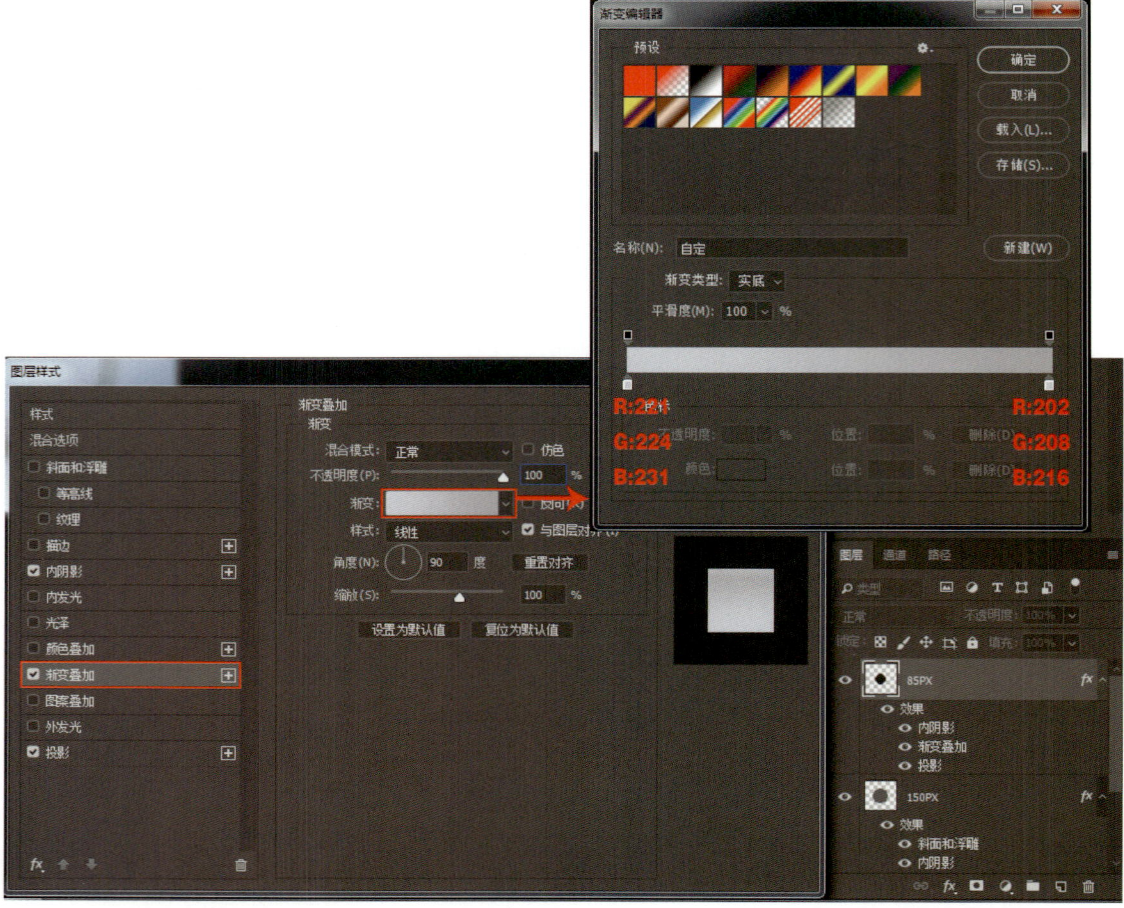

图3-4-10

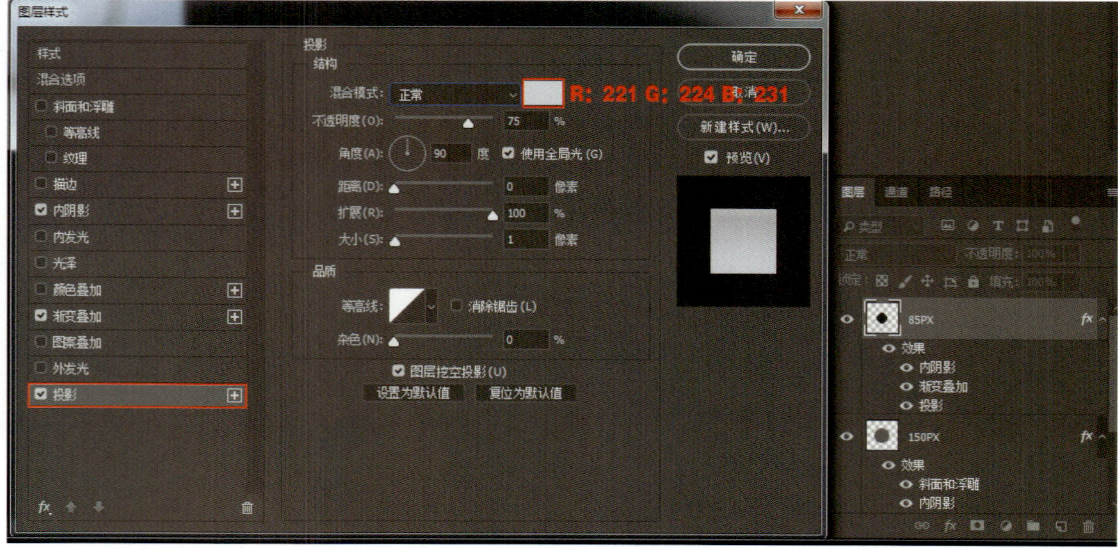

图3-4-11

图3-4-12

⑦ 给图层“185PX”添加“图层样式”：“内阴影”如图3-4-13所示，“颜色叠加”如图3-4-14所示，“投影”如图3-4-15所示，最终效果如图3-4-16所示。

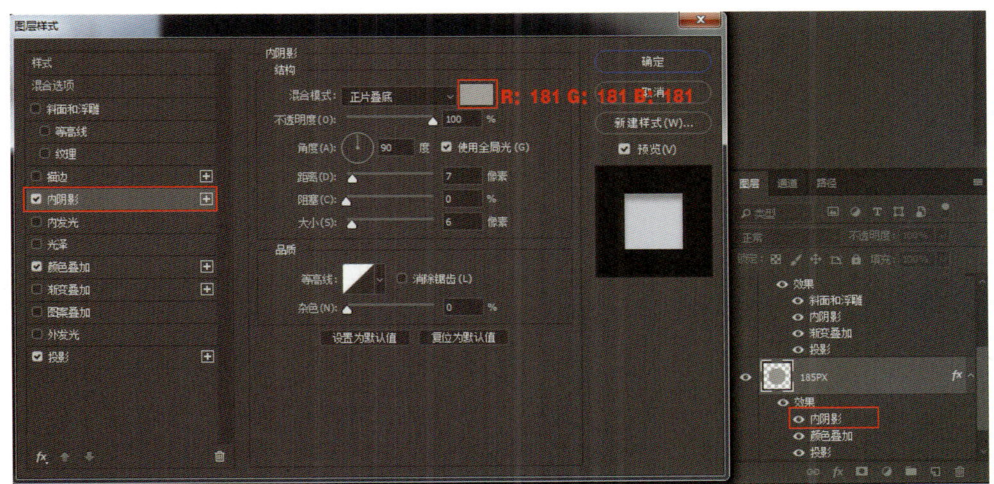

图3-4-13

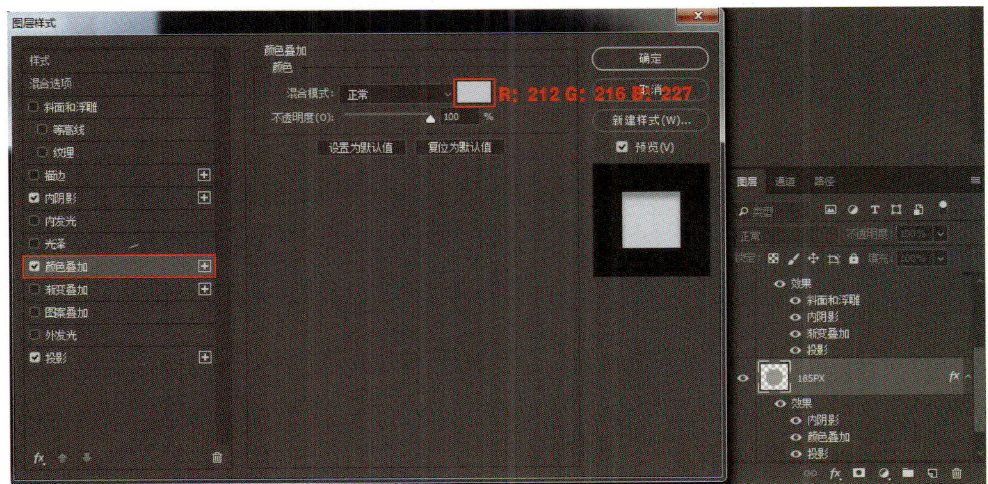

图3-4-14

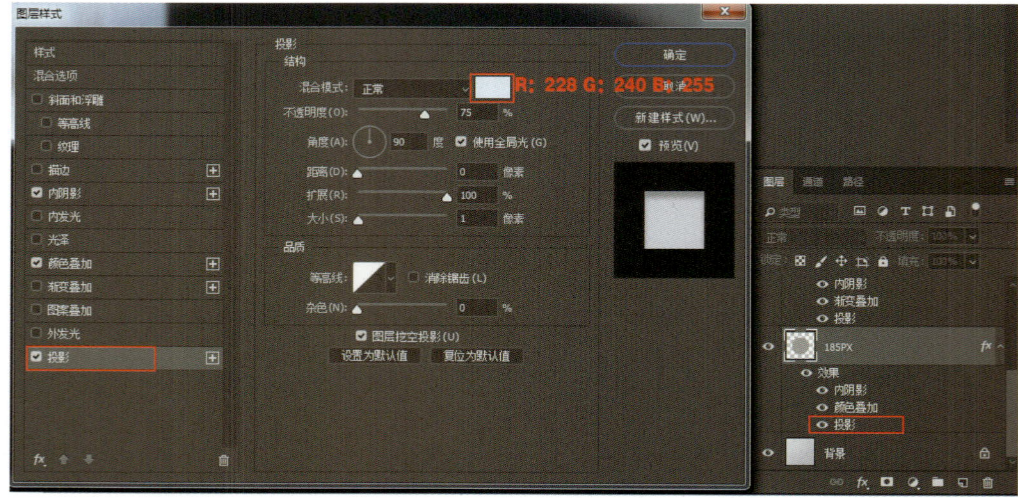

图3-4-15

图3-4-16

⑧ 复制图层“150PX”，即“150PX 拷贝”，清除“150PX 拷贝”的图层样式，置于“150PX”图层下方，并添加“图层样式”：“投影”如图3-4-17所示，最终效果如图3-4-18所示。

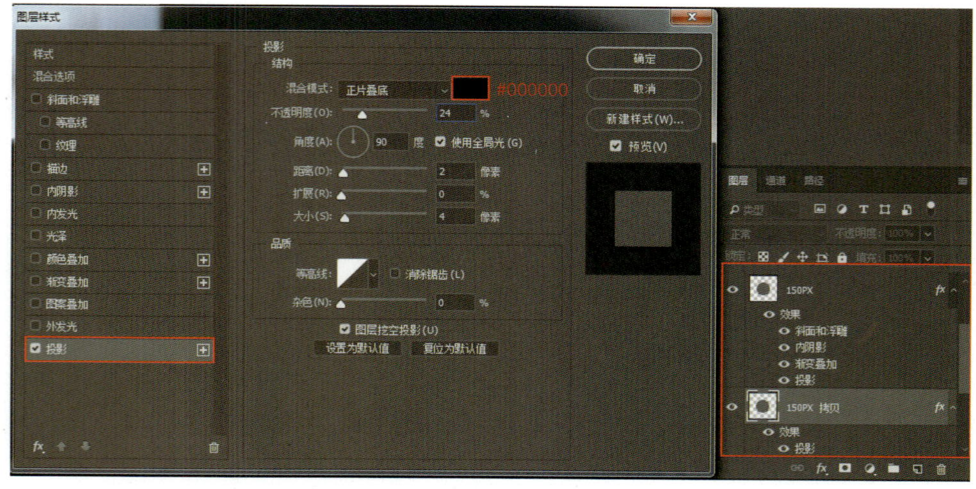

图3-4-17

图3-4-18

⑨ 在"185PX"图层上新建图层"图层1"，按住"Ctrl"键的同时点击"185PX"图层，载入选区，并将"图层1"填充为红色，如图3-4-19所示。

⑩ 使用"矩形选框工具"，在图像右侧画一个矩形框，并按"Delete"键删除一半圆形，如图3-4-20所示，然后为"图层1"添加"图层样式"："渐变叠加"如图3-4-21所示。

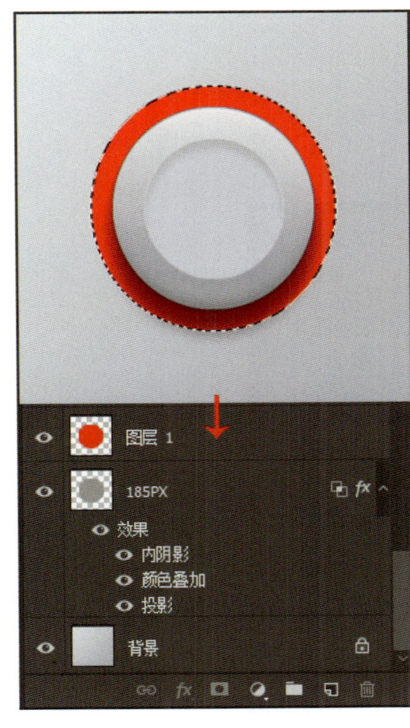

图3-4-19

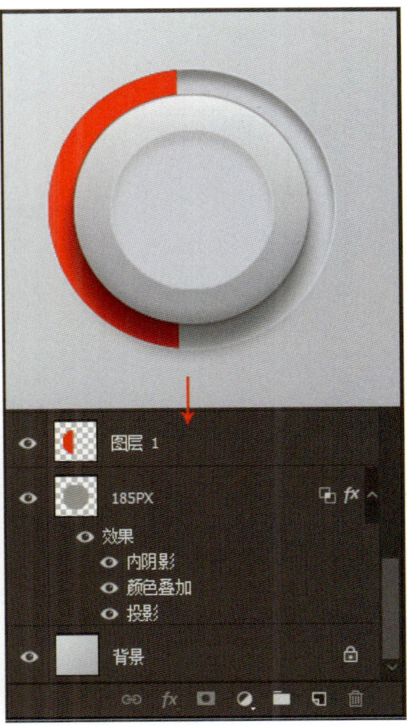

图3-4-20

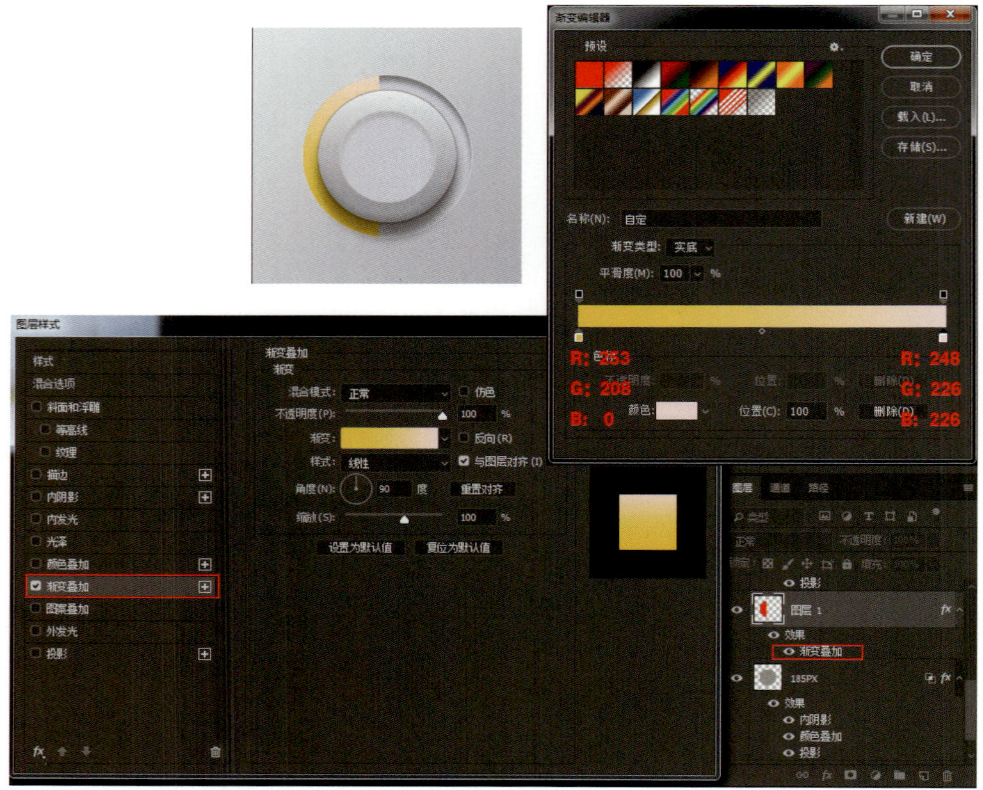

图3-4-21

⑪ 将“图层1”向下创建剪贴蒙版，如图3-4-22所示。并将“185PX”图层样式中的“混合选项”修改，如图3-4-23所示。

图3-4-22

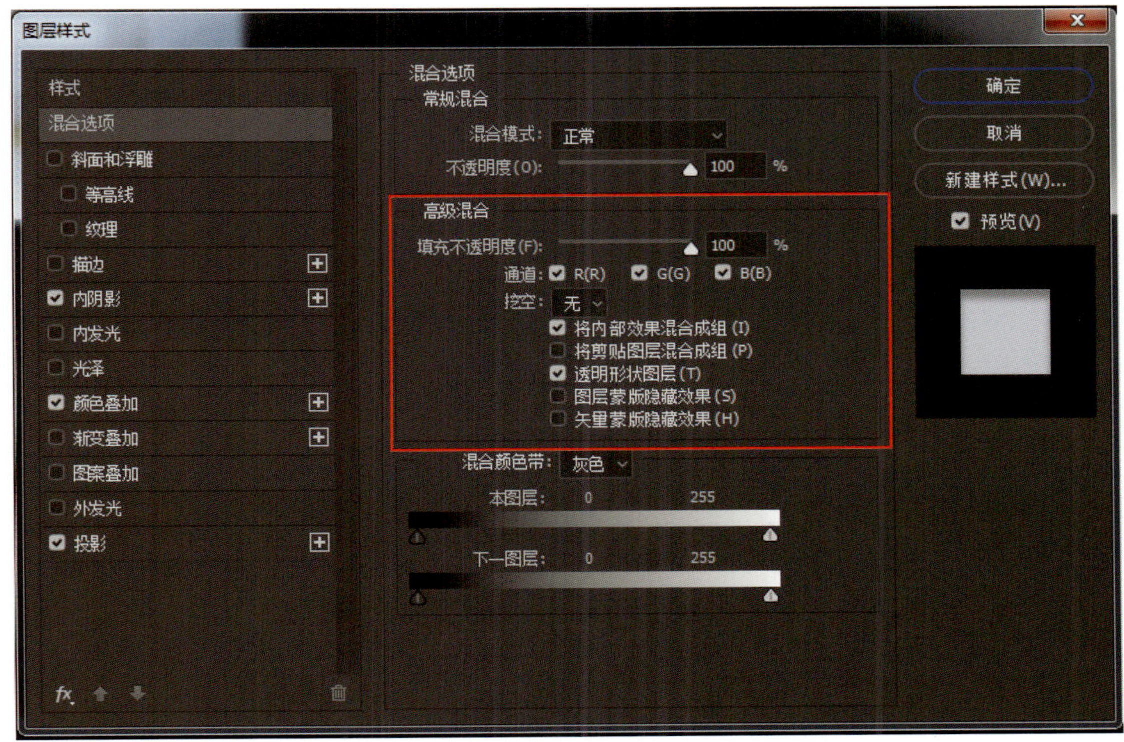

图3-4-23

⑫ 新建“图案”图层，选择“自定形状工具”中的“标靶1”，勾勒出按钮中心图案，并添加“图层样式”：“颜色叠加”如图3-4-24所示，“投影”如图3-4-25所示，“内阴影”如图3-4-26所示。

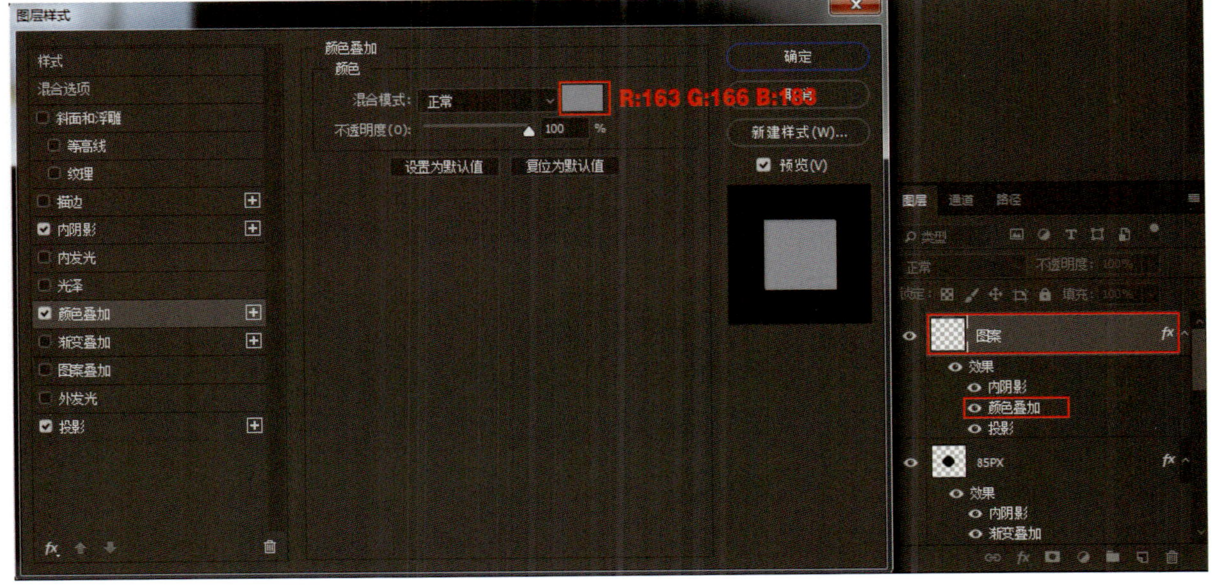

图3-4-24

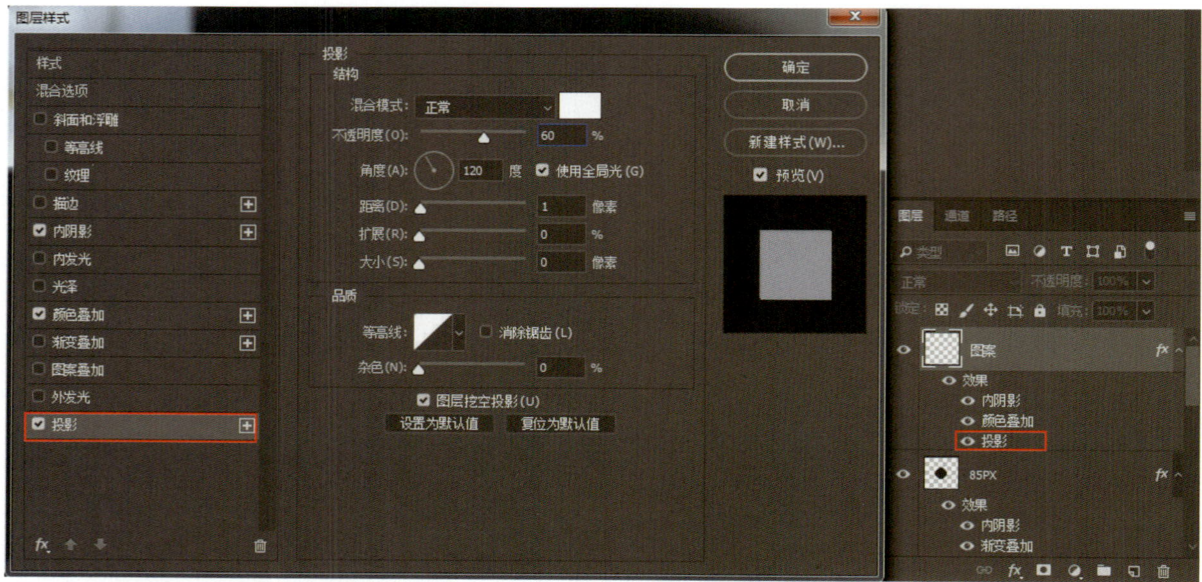

图3-4-25

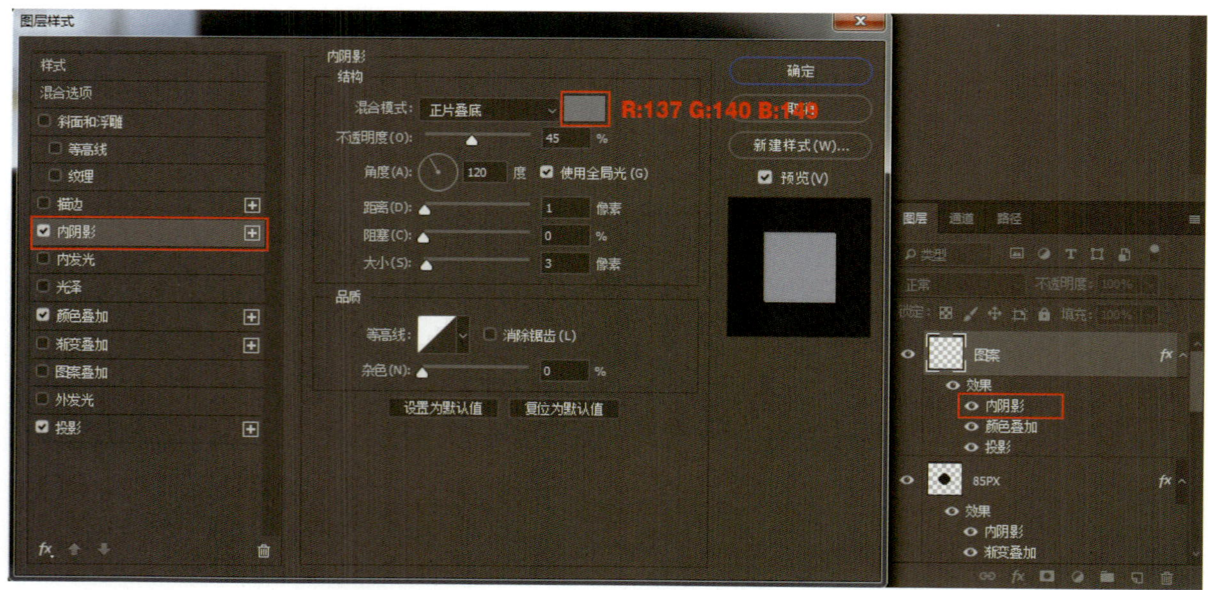

图3-4-26

⑬ 保存JPG格式，效果如图3-4-1所示。

3.5 图层模式

计算机的图层混合模式是一种利用绘图或编辑图像的工具，达到改变图像像素的表达方式。在进行图层混合时，实质就是将当前选定的图像颜色和图像原有的底色，按一定的方式共同作用后得到另一种颜色，我们称之为结果色。在Photoshop软件的“图层”面板中，展开图层混合模式的下拉列表，会呈现如下的融合方式。

① 组合模式组：正常模式、溶解模式、背后模式（只出现在绘画和填充工具以及填充命令中）、清除模式（只出现在绘画和填充工具以及填充命令中）。

正常：上方图层完全遮住下方图层。

溶解：如果上方图层具有柔和的透明边缘，选择溶解可以建立像素点状效果。

② 加深模式组：变暗模式、正片叠底模式、颜色加深模式、线性加深模式、深色模式。

变暗：两个图层中较暗的颜色会作为混合的颜色保留，比混合色亮的像素将被替换，比混合色暗的像素保持不变。

正片叠底：整体效果显示由上方图层和下方图层的像素值中较暗的像素合成，任意颜色与黑色重叠时将产生黑色，任意颜色与白色重叠时则保持不变。

颜色加深：选择该项将降低上方图层中除黑色外的其他区域的对比度，使图像的对比度下降，产生下方图层透过上方图层的投影效果。

线性加深：上方图层将根据下方图层的灰度与图像融合，但是此模式对白色无效。

深色：根据上方图层图像的饱和度，然后用上方图层颜色直接覆盖下方图层中的暗调区域颜色。

③ 减淡模式组：变亮模式、滤色模式、颜色减淡模式、线性减淡模式、浅色模式。

变亮：使上方图层的暗调区域变为透明，通过下方的较亮区域使图像更亮。

滤色：该项与“正片叠底”的效果相反，在整体效果上显示由上方图层和下方图层的像素值中较亮的像素合成的效果，得到的图像是一种漂白图像中颜色的效果。

颜色减淡：和“颜色加深”效果相反，“颜色减淡”是由上方图层根据下方图层灰阶程序提升亮度，然后再与下方图层融合，此模式通常可以用来创建光源中心点极亮的效果。

线性减淡：根据每一个颜色通道的颜色信息，加亮所有通道的基色，并通过降低其他颜色的亮度来反映混合颜色，此模式对黑色无效。

浅色：该项与“深色”的效果相反，此项可根据图像的饱和度，用上方图层中的颜色直接覆盖下方图层中的高光区域颜色。

④ 对比模式组：叠加模式、柔光模式、强光模式、亮光模式、线性光模式、点光模式、实色混合模式。

叠加：此项的图像最终效果最终取决于下方图层，上方图层的高光区域和暗调将不变，只是混合了中间调。

柔光：使颜色变亮或变暗，让图像具有非常柔和的效果，亮于中性灰底的区域将更亮，暗于中性灰底的区域将更暗。

强光：此项和“柔光”的效果类似，但其程序远远大于“柔光”效果，适用于图像增加强光照射效果。

亮光：根据融合颜色的灰度减少比对度，可以使图像更亮或更暗。

线性光：根据事例颜色的灰度，来减少或增加图像亮度，使图像更亮。

点光：如果混合色比50%灰度色亮，则将替换混合色暗的像素，而不改变混合色亮的像素；反之如果混合色比50%灰度色暗，则将替换混合色亮的像素，而不改变混合色暗的像素。

实色混合：根据上下图层中图像颜色的分布情况，用两个图层颜色的中间值对相交部分进行填充，利用该模式可以制作出对比度较强的色块效果。

⑤ 比较模式组：差值模式、排除模式、减去模式、划分模式。

差值：上方图层的亮区将下方图层的颜色进行反相，暗区则将颜色正常显示出来，效果与原图像是完全相反的颜色。

排除：创建一种与“差值”模式类似但对比度更低的效果。与白色混合将反转基色值，与黑色混合则不发生变化。

⑥ 色彩模式组：色相模式、饱和度模式、颜色模式、明度模式。

色相：由上方图像的混合色的色相和下方图层的亮度和饱和度创建的效果。

饱和度：由下方图像的亮度和色相以及上方图层混合色的饱和度创建的效果。

颜色：由下方图像的亮度和上方图层的色相和饱和度创建的效果。这样可以保留图像中的灰阶，对于给单色图像上色和彩色图像着色很有用。

明度：创建与“颜色”模式相反的效果，由下方图像的色相和饱和度值及上方图像的亮度所构成。

⑦ 通道模式组：相加模式、减去模式，此模式组只出现在通道计算中。

在具体的作图过程中，通过图层混合模式的更改可以获得不同的制作效果。举例说明，打开素材，如图3-5-1所示。在“图层”面板中新建图层，命名为“图层1”，填充黄色，如图3-5-2所示，正常模式如图3-5-3所示。将混合模式分别更改为“正片叠底”“滤色”“柔光”“差值”“色相”，效果如图3-5-4至图3-5-8所示。其他混合模式效果，可自己通过变换混合模式进行尝试。

图3-5-1

图3-5-2

图3-5-3

图3-5-4

图3-5-5

图3-5-6

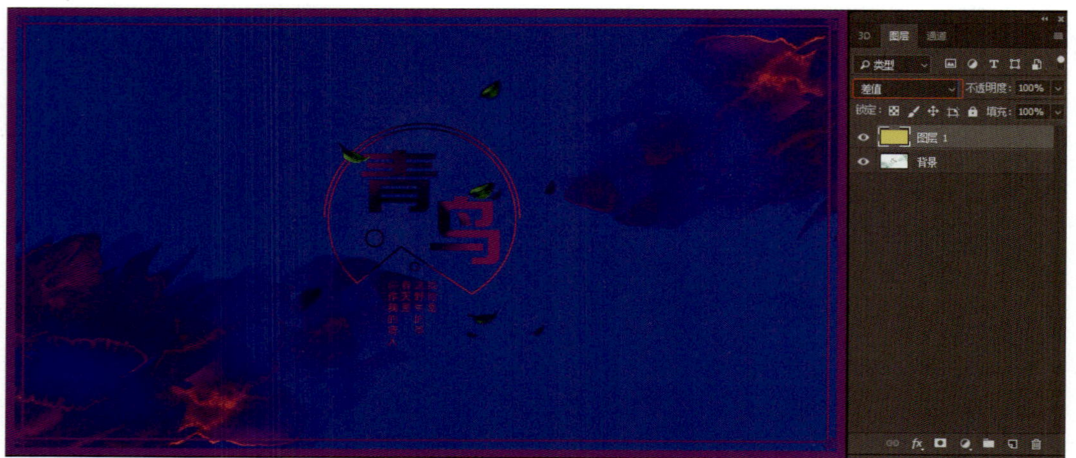

图3-5-7

图3-5-8

3.6 实例：双重曝光

（1）设计要求。

主要通过“魔棒工具”和图层模式调整完成“双重曝光”案例制作，设计效果如图3-6-1所示。

（2）制作步骤。

① 新建文件，命名为“双重曝光”，高29厘米，宽30厘米，分辨率150像素/英寸。

② 将“双重曝光”文件拖入新建文件中，并调整适合的位置，如图3-6-2所示。使用“魔棒工具”去除背景，如图3-6-3所示。反选，使用快捷键“Ctrl+Shift+U”去色，如图3-6-4所示。

图3-6-1

图3-6-2

图3–6–3

图3–6–4

③ 将“双重曝光2”文件拖入新建文件中，并调整适合的位置，如图3–6–5所示。将混合模式改为“强光”，如图3–6–6所示。

图层
通道
路径
类型
双重曝光 2
双重曝光
图层 0

图3-6-5

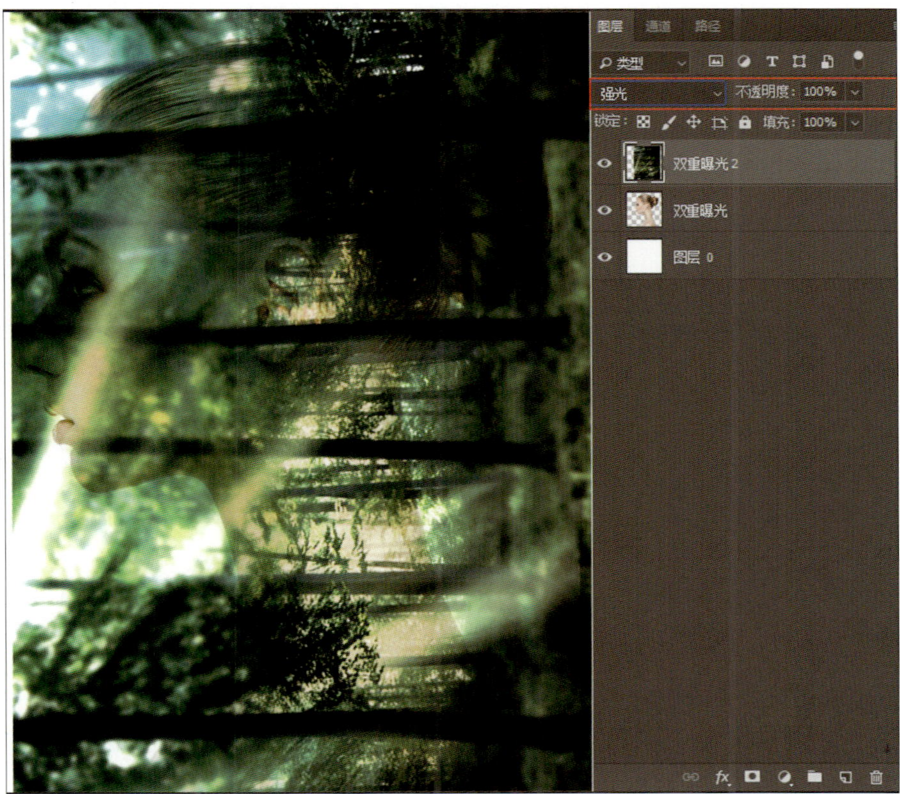
图层
通道
路径
类型
强光
不透明度：100%
锁定：
填充：100%
双重曝光 2
双重曝光
图层 0

图3-6-6

④ 选中“双重曝光”图层并按住“Ctrl+Alt”键，选中人物图层，如图3-6-7所示。

⑤ 选择“双重曝光2”图层，右键选择“创建剪贴蒙版”，如图3-6-8所示。

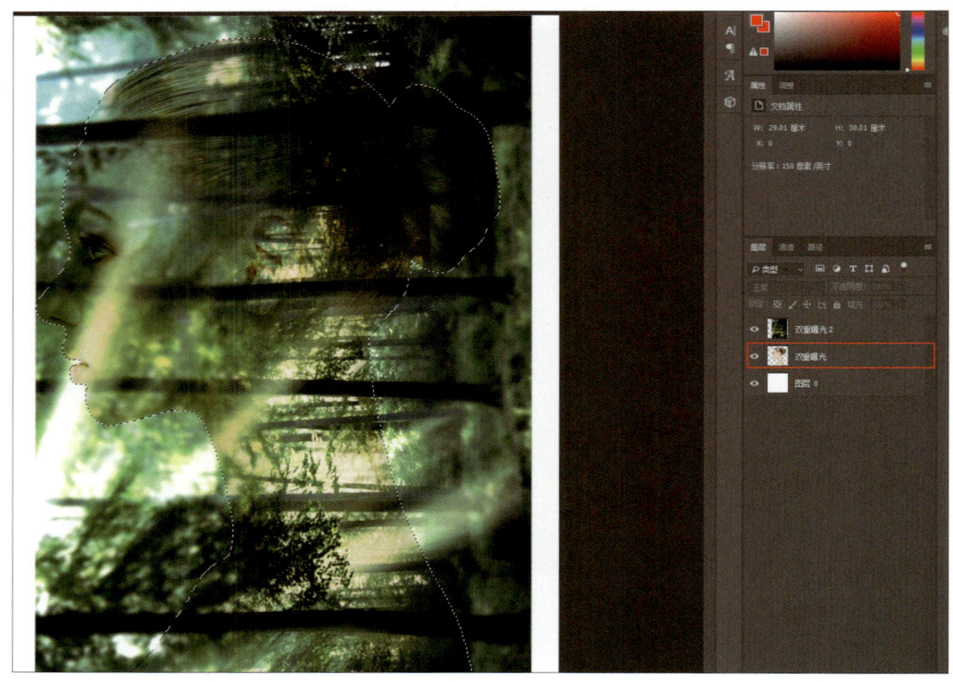

图3-6-7

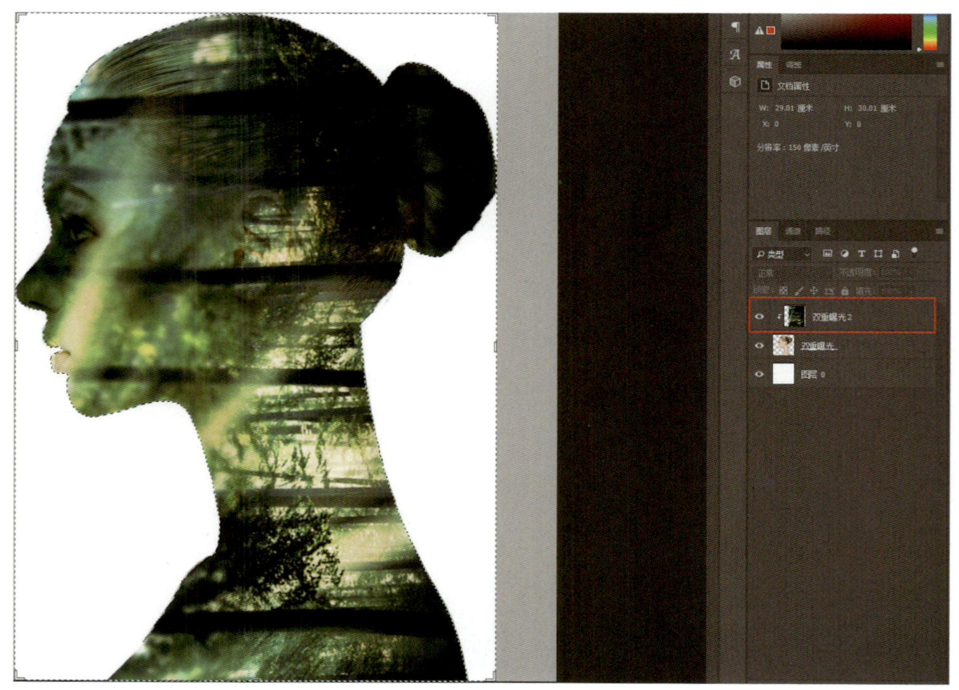

图3-6-8

⑥ 选择“双重曝光2”图层，添加图层蒙版，并使用“画笔工具”，在蒙版图层修整人物面部效果，选中“双重曝光”图层，用“画笔工具”调整背景，如图3-6-9所示。

图3-6-9

⑦ 新建“背景”层，并添加渐变效果，如图3-6-10所示。

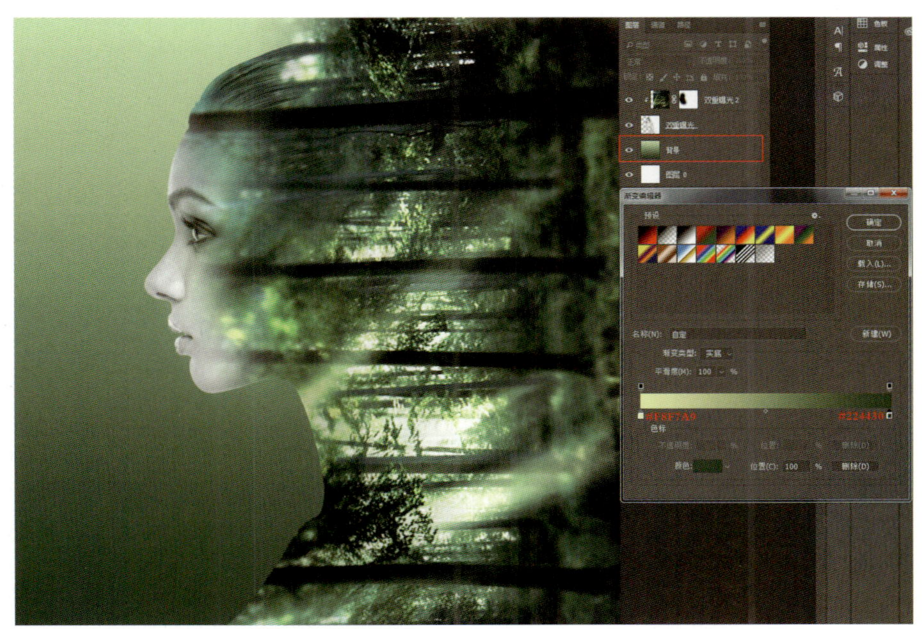

图3-6-10

⑧ 使用文字工具，添加相应文字，保存JPG格式，效果如图3-6-1所示。

第 4 章　图像调整与蒙版通道

学习内容：本章主要讲解图像调整菜单中的常用命令与蒙版通道的概念及其基本应用。

学习重点：了解图像调整菜单和蒙版通道的使用。

学习难点：创建并修改蒙版。

4.1 图像调整简介

“图像”菜单中的“调整”命令主要是对图片色彩进行调整的，包括图片的颜色、明暗关系和色彩饱和度等，“图像—调整”菜单命令是我们在实际操作中最为常用的一个菜单命令，大家只有对里面的主要命令充分掌握，才能更好地使用Photoshop。

4.1.1 自动调整命令

包括“自动色调”“自动对比度”“自动颜色”3个命令，它们没有对话框，直接选中命令即可调整图像的对比度或色调。以“自动颜色”命令为例，打开素材如图4-1-1所示，执行“图像—自动颜色”命令（该命令会自动对图片的色彩做一定的调整），效果如图4-1-2所示。

图4-1-1

图4-1-2

4.1.2 简单色彩调整

在Photoshop中，有些颜色调整命令不需要复杂的参数设置，也可以更改图像颜色，包括“去色”“反相”“阈值”“色调均化”。以“阈值”命令为例，打开素材如图4-1-3所示，执行“图像—调整—阈值”命令，弹出“阈值”对话框，调整波形图下方的小三角到数值为“85”，如图4-1-4所示。单击“确定”按钮，效果如图4-1-5所示。

图4-1-3

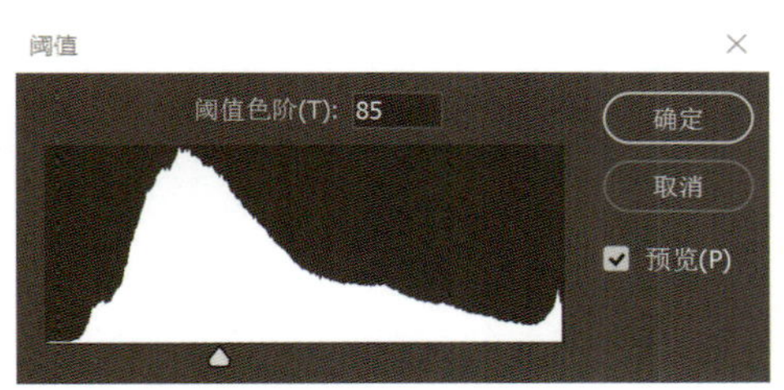

图4-1-4

图4-1-5

4.1.3 明暗关系调整

对于色调灰暗、层次不分明的图像，可以使用色调、明暗关系的命令进行调整，增强图像色彩层次，主要命令包括“亮度/对比度”“阴影/高光”“曝光度”。以“亮度/对比度”命令为例，打开素材如图4-1-6所示。执行“图像—调整—亮度/对比度”命令，弹出对话框，参数设置如图4-1-7所示。单击“确定”按钮，效果如图4-1-8所示。

图4-1-6

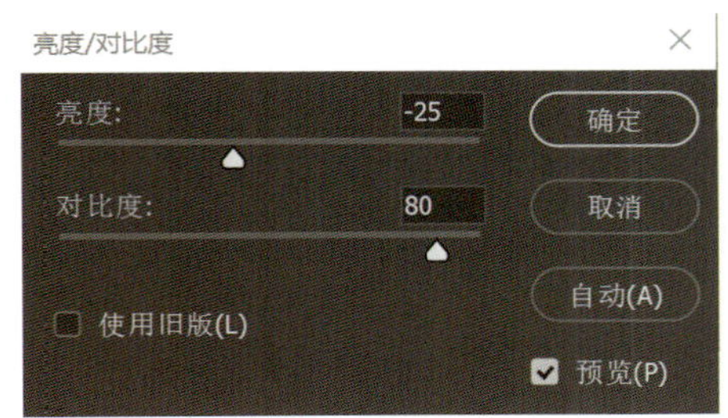

图4-1-7

图4-1-8

4.1.4 矫正图像色调

主要命令包括“色彩平衡”和“可选颜色”。两个命令作用相似，均可以对图像的色调进行矫正。不同之处在于前者是在明暗色调中增加或减少某种颜色；后者是在某个颜色中增加或者减少颜色含量。以“色彩平衡”命令为例，打开素材如图4-1-9所示。执行“图像—调整—色彩平衡”命令，弹出对话框，参数设置如图4-1-10所示。单击“确定”按钮，效果如图4-1-11所示。

图4-1-9

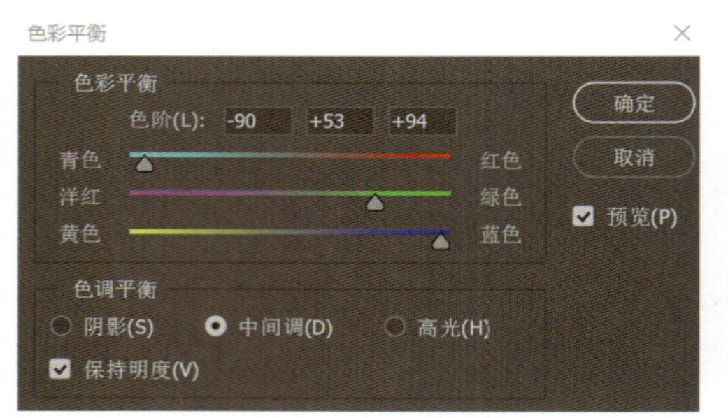

图4-1-10

图4-1-11

4.1.5 整体色调转换

一个图像虽然具有多种颜色，但总体会有一种倾向，或偏冷或偏暖，或偏红或偏蓝，这种颜色上的倾向就是图像的整体色调。更改整体色调的命令主要包括“照片滤镜”“渐变映射”“匹配颜色”“变化”。以“匹配颜色”命令为例，打开素材如图4-1-12所示。执行“图像—调整—匹配颜色”命令，弹出对话框，选中素材文件图4-1-11，参数设置如图4-1-13所示，效果如图4-1-14所示。

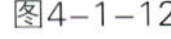

图4-1-12

图4-1-13

图4-1-14

4.1.6 调整颜色三要素

任何一种色彩都有它特定的明度、色相和纯度。针对图像颜色三要素调整的命令，主要包括“色相/饱和度”和“替换颜色”。以“替换颜色”命令为例，打开素材如图4-1-15所示。执行“图像—调整—替换颜色”命令，弹出对话框，参数设置如图4-1-16所示，效果如图4-1-17所示。

图4-1-15

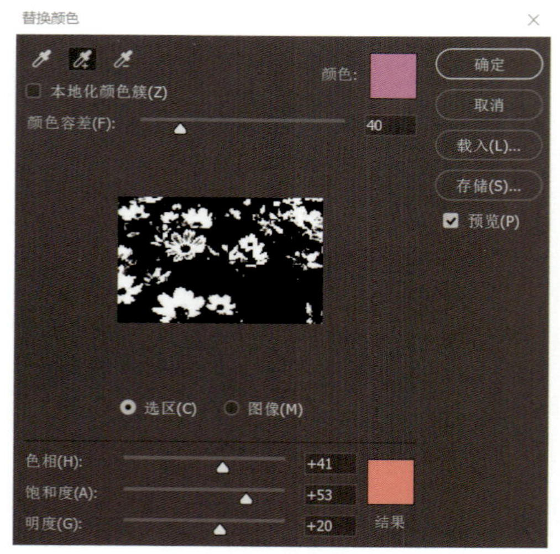

图4-1-16

图4-1-17

4.1.7 调整通道颜色

通过颜色信息通道调整图像整体色调或个别通道颜色的命令，主要包括“色阶”“曲线”与“通道混合器”。以“色阶”“曲线”命令为例，打开素材如图4-1-18所示。执行“图像—调整—色阶”命令，弹出对话框，参数设置如图4-1-19所示，效果如图4-1-20所示。执行“图像—调整—曲线”命令，弹出对话框，参数设置如图4-1-21所示，效果如图4-1-22所示。

图4-1-18

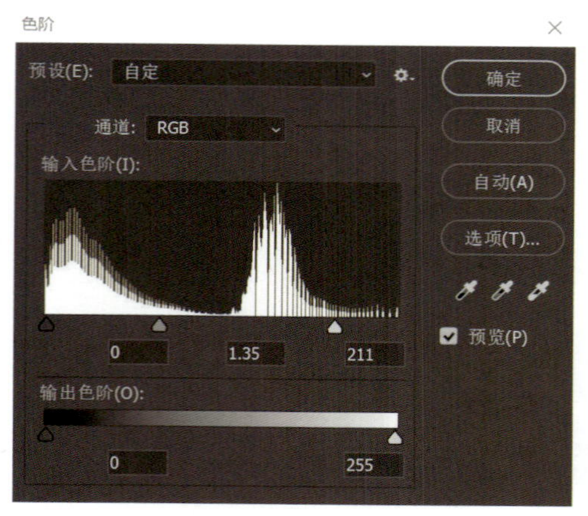

图4-1-19

图4-1-20

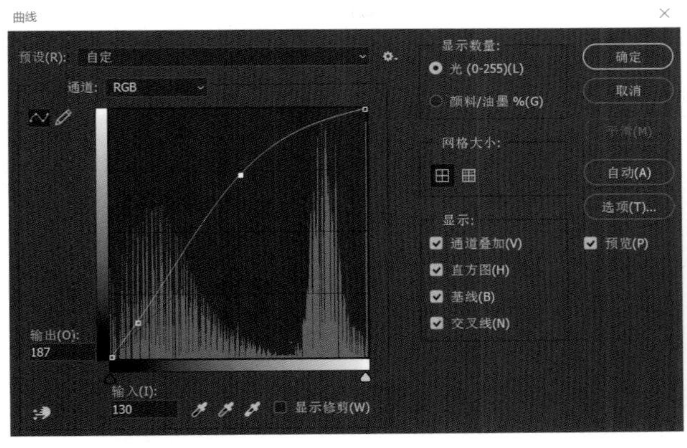

图4-1-21

图4-1-22

4.2 蒙版

4.2.1 蒙版的含义

蒙版是用来保护不该被改变的像素，使其不被改变，起到一个遮罩作用的工具。我们可以这样形象地理解：蒙版是一个半透明的塑料板，这个板是红色半透明的，透过这层塑料板可以清晰地看见下面遮罩的图像；在红色的遮罩区域中，我们无法对图像做任何编辑，只有在没有红色塑料板遮挡的区域才能进行编辑操作。

4.2.2 蒙版的分类

蒙版有三种：快速蒙版、图层蒙版和剪贴蒙版。

4.2.2.1 快速蒙版

快速蒙版是蒙版最基础的操作方式，在这样的操作中可以建立不规则并同时有多种不同羽化值的选区，这种选区的随意性和自由性很强，是利用“选框工具”所得不到的特殊选区。点击工具栏下方的“以快速蒙版模式编辑”图标，就可以建立快速蒙版，然后可以通过“画笔工具”在图像上添加红色蒙版，再通过“橡皮擦工具”擦除不需要被遮罩保护的蒙版部分，从而得到灵活多变的选区。也就是说，快速蒙版的功能就是建立自定义的特殊的选区。所以，当需要用特殊的选区来选择图像操作的时候，一定要使用快速蒙版。

4.2.2.2 图层蒙版

图层蒙版是Photoshop特有的图层概念，给予设计者更多的设计可能。图层的编辑叠加方式有很多，图层蒙版更是Photoshop图层的精华。

图层蒙版与快速蒙版不同的是：图层蒙版只对相应的图层产生作用，并且图层蒙版是灰度图而不是红色的，可以用“画笔工具”在灰色的蒙版上进行编辑，而使图层图像本身不被编辑和改变。图层蒙版上只有三种颜色：黑色、白色和灰色，并对相应的图层图像产生隐藏、不隐藏和半隐藏的效果。

根据灰度图的特性，只需控制三种颜色来对蒙版进行操作，使图像产生变化，变化的规律只需记住下面简单的三条即可。

① 白色——不透明（蒙版中的白色将使图像呈不透明显示）。例如，打开素材，如图4-2-1所示。执行“图层—图层蒙版—显示全部”命令，“图层”面板如图4-2-2所示，效果如图4-2-3所示。

图4-2-1

图4-2-2

图4-2-3

图4-2-4

② 黑色——透明（蒙版中的黑色将使图像呈透明显示）。例如，打开素材，执行“图层—图层蒙版—隐藏全部”命令，“图层”面板如图4-2-4所示，效果如图4-2-5所示。

③ 灰色（256级灰度）——半透明（蒙版中的不同灰色将使图像呈不同的半透明显示）。例如，打开素材，执行“图层—图层蒙版—显示全部”命令，选择“渐变工具”，黑白渐变填充蒙版，“图层”面板如图4-2-6所示，效果如图4-2-7所示。

图4-2-5

图4-2-6

图4-2-7

也就是说，图层蒙版是在不改变原图像的基础上，通过控制蒙版中的三种颜色，用蒙版遮罩在图像上，使图像以被隐藏、不隐藏或半隐藏的方式显示出来，得到特殊的效果。同时，因为图层的特性，可以给多个图层添加图层蒙版，并结合图层其他功能得到更多的调整可能，使图像得到更绚丽的视觉效果。

4.2.2.3 剪贴蒙版

剪贴蒙版是矢量蒙版，图层蒙版是图像蒙版。在矢量蒙版上，只能用钢笔来绘制路径，并调整路径。其他编辑工具对矢量蒙版无效。此时，剪贴蒙版的作用是通过闭合的路径，来规范显示被蒙版图像的范围，闭合的范围也就是图像的范围。

总之，Photoshop中的三种蒙版——快速蒙版、图层蒙版和剪贴蒙版，每类蒙版都有其独特的作用：快速蒙版提供了精确选取的可能；图层蒙版在不损伤图像的基础上，提供了针对局部区域的调整方式；矢量蒙版则将矢量形状调整与图层紧密地结合起来，得到裁剪或规范图像的效果。

4.3 蒙版合成图像实例

4.3.1 运用快速蒙版、图层蒙版合成图像

① 打开“素材1”，如图4-3-1所示。复制图像，“图层”面板如图4-3-2所示。按“Q”键进入快速蒙版，此时系统就会在“通道”面板中，自动生成了一个快速蒙版，如图4-3-3所示。

图4-3-1

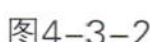

图4-3-2

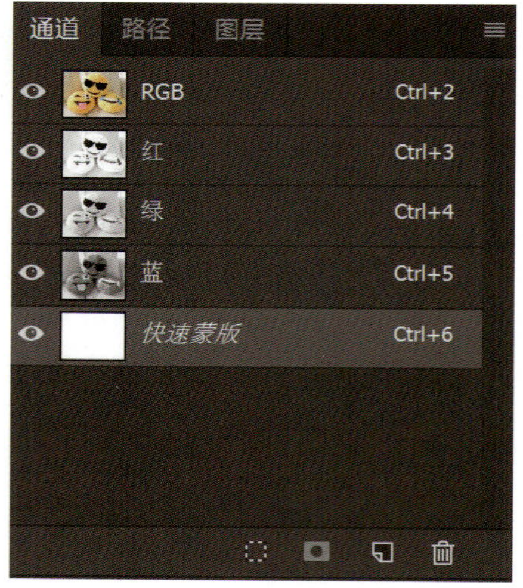

图4-3-3

② 将前景色设置为黑色。选择“画笔工具”，使用一种柔角、硬度为50%的画笔在图像窗口中沿人物涂抹创建蒙版区。如果看不清楚图片，可以选择“缩放工具”中的“适合屏幕”选项后，用黑色画笔对“背景 拷贝”进行均匀涂抹，如果擦错了再用白色画笔擦回来即可。注意不要有漏涂的地方，效果如图4-3-4所示。

③ 按“Q”键退出快速蒙版，回到“图层”面板，按“Delete”键，删除选区（呈蚂蚁线状态）的图像。关闭“背景”图层的小眼睛，效果如图4-3-5所示。

④ 按“Ctrl+D”取消选择，选择“橡皮擦工具”，设置不透明度为20%，然后选择大小合适的画笔笔头，对有多余边缘的背景进行擦除，效果如图4-3-6所示。

图4-3-4

图4-3-5

图4-3-6

⑤ 打开“素材2”，如图4-3-7所示。执行“图像—调整—色彩平衡”命令，弹出对话框，参数设置如图4-3-8所示，效果如图4-3-9所示。

⑥ 选择“移动工具”，将“素材1”拖入“素材2”中，按“Ctrl+T”组合键调整“素材1”的大小，将其放置合适的位置，如图4-3-10所示。

图4-3-7

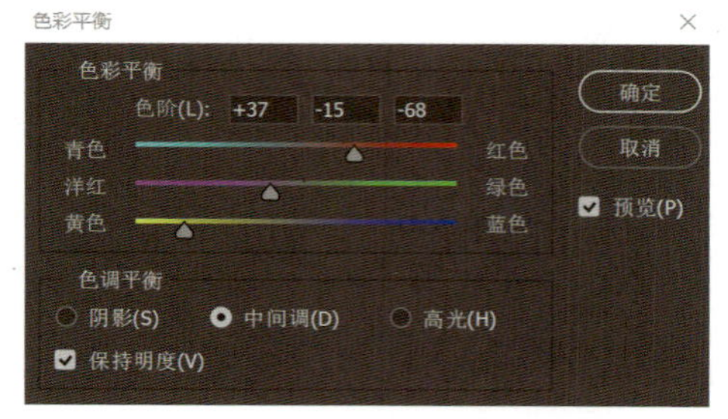

图4-3-8

图4-3-9

图4-3-10

⑦ 选中“素材1”，执行“图层—图层蒙版—全部显示”命令，建立图层蒙版，选择“画笔工具”，前景色设置为黑色，使用“柔角”，按“[”“]”键调整笔刷大小，在图层蒙版上涂抹黑色，如图4-3-11所示，效果如图4-3-12所示。

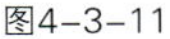
图4-3-11

图4-3-12

4.3.2 利用剪贴蒙版合成图像

① 打开“素材1”，如图4-3-13所示。执行“图像—调整—色相/饱和度”命令，参数设置如图4-3-14所示。然后执行“图像—调整—亮度/对比度”命令，参数设置如图4-3-15所示，效果如图4-3-16所示。

图4-3-13

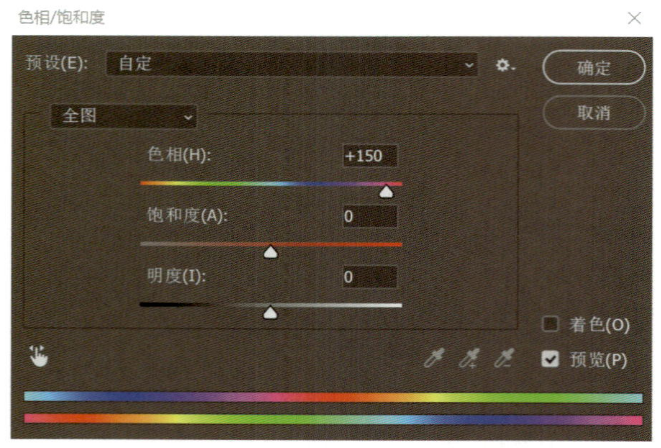

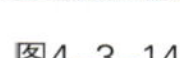
图4-3-14

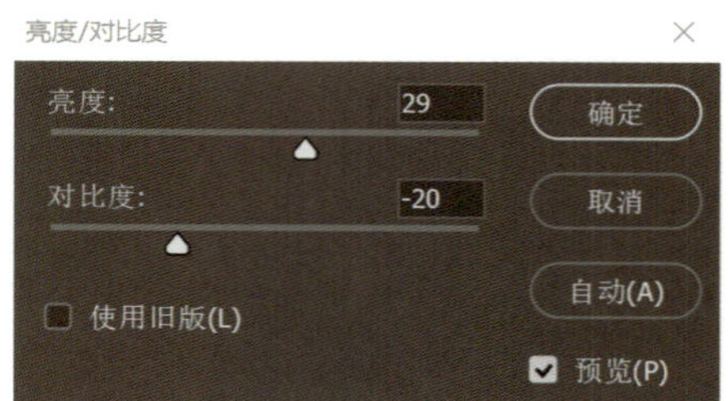

图4-3-15

图4-3-16

② 选择“钢笔工具”，工具属性栏设置如图4-3-17所示。创建形状矢量蒙版，“图层”面板如图4-3-18所示，效果如图4-3-19所示。

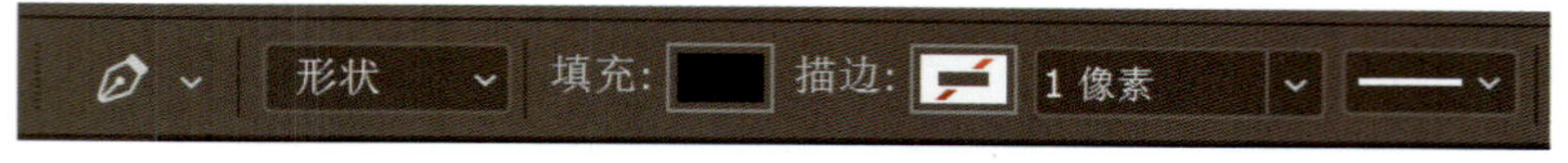

图4-3-17

图4-3-18

图4-3-19

③ 打开“素材2”，如图4-3-20所示。选择“移动工具”，将“素材2”拖拽至“素材1”中，按“Ctrl+T”组合键调整“素材2”的大小，将其放置合适的位置，如图4-3-21所示。

图4-3-20

图4-3-21

④ 选择“素材2”的图层在菜单栏点击“图层—创建剪贴蒙版”命令，“图层”面板如图4-3-22所示，效果如图4-3-23所示。

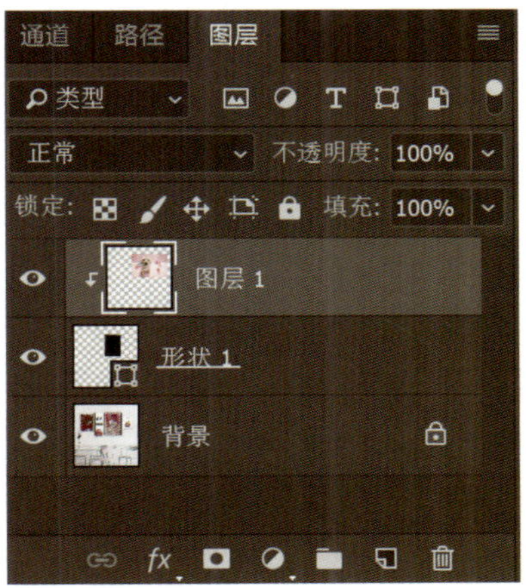

图4-3-22

图4-3-23

4.4 通道

4.4.1 通道的概念

通道是由遮板演变而来的，也可以说通道就是选区。在通道中，以白色代替透明表示要处理的部分（选择区域），以黑色表示不需处理的部分。因此，通道也与遮板一样，没有独立存在的意义，只有在依附于其他图像（或模型）存在时，才能体现其功用。通道与遮板的最大区别，也是通道最大的优越之处在于，通道可以完全由计算机来进行处理，也就是说，它是完全数字化的。

4.4.2 通道的功能

① 可建立精确的选区。

② 可以存储选区和载入选区备用。

③ 可以制作其他软件（如Illustrator、Pagemaker）需要导入的“透明背景图片”。

④ 可以看到精确的图像颜色信息，有利于调整图像颜色。

⑤ 方便传输制版。

4.4.3 实例：利用通道来抠图

单纯的通道操作是不可能对图像本身产生任何效果的，必须同其他工具结合，如蒙版工具、选区工具和绘图工具（其中蒙版是最重要的）等。当然要想做出一些特殊的效果，就需要配合滤镜特效、图像调整来一起操作。

① 打开“素材3”，如图4-4-1所示。复制素材，并关闭背景层显示，“图层”面板如图4-4-2所示。

图4-4-1

图4-4-2

图4-4-3

②选择“通道”窗口，在窗口中选择与背景反差最大的蓝色通道，按住鼠标拖动到通道窗口下方的“创建新通道”（下方第三个）图标上松开，“通道”窗口如图4-4-3所示。

③选择复制出的“蓝 拷贝”，执行“图像—调整—亮度/对比度”，参数设置如图4-4-4所示。连续执行两次，参数设置相同，效果如图4-4-5所示。

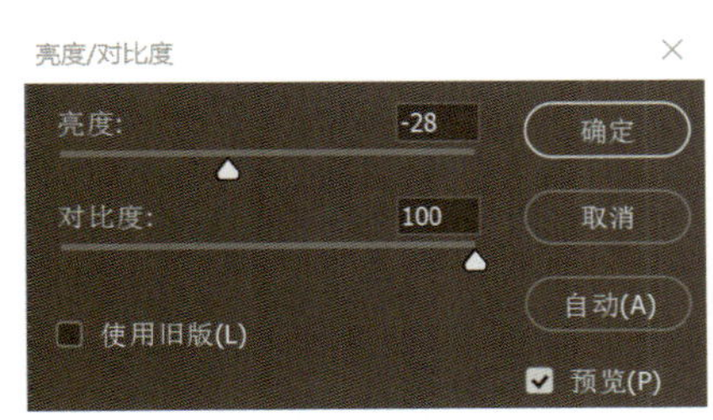

图4-4-4

图4-4-5

④选择“通道”窗口，拖动“蓝 拷贝”到下方的“将通道作为选区载入”图标（下方第一个），载入选区，图像上出现选择蚁线，天空部分被选中。在“图层”窗口选择复制的背景层，如图4-4-6所示。执行“选择—反选”命令。接着执行“图层—新建—通过拷贝的图层”，如图4-4-7所示。“图层”窗口如图4-4-8所示。关闭复制的背景层的显示，即得到一张抠掉背景天空的图片，效果如图4-4-9所示。我们可以为其添加任意的天空，如有没被清除的蓝色可以使用“橡皮擦工具”擦除。

图4-4-6

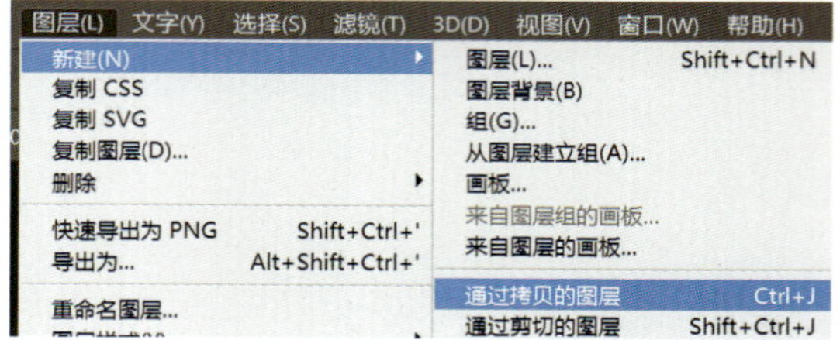

图4-4-7

图4-4-8

图4-4-9

4.5 实例：婚纱照美化

通常情况下图像调整命令与蒙版通道是一起配合使用的，下面制作一个综合的案例。

① 打开图片，如图4-5-1所示。在“通道”窗口选择反差较大的红色复制一次，如图4-5-2所示。

② 选择复制出的“红 拷贝”，执行“图像—调整—色阶”命令，参数设置如图4-5-3所示。在“通道”窗口，选择复制的“红 拷贝”向下方拖动到“将通道作为选区载入”图标。图片上出现选择蚁线，如图4-5-4所示。

图4-5-1

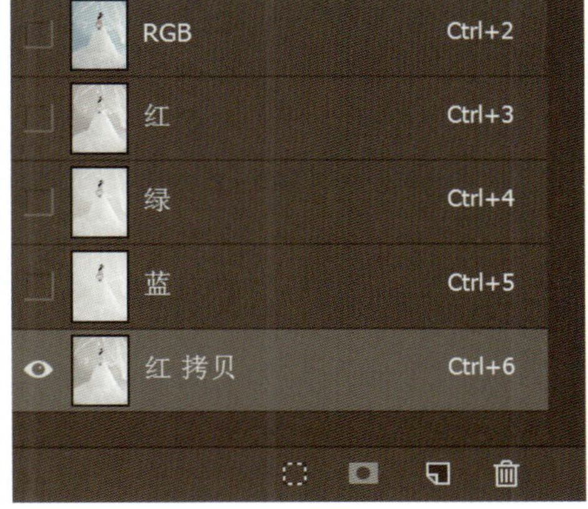

图4-5-2

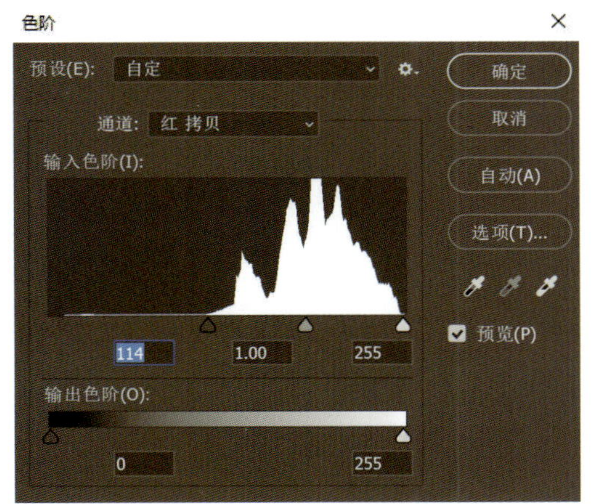

图4-5-3

图4-5-4

③ 切换到“图层”窗口，取消掉背景图层上的锁，如图4-5-5所示。执行“图层—新建—通过拷贝的图层”命令，即通过选区创建一个半透明的新图层，如图4-5-6所示。

图4-5-5

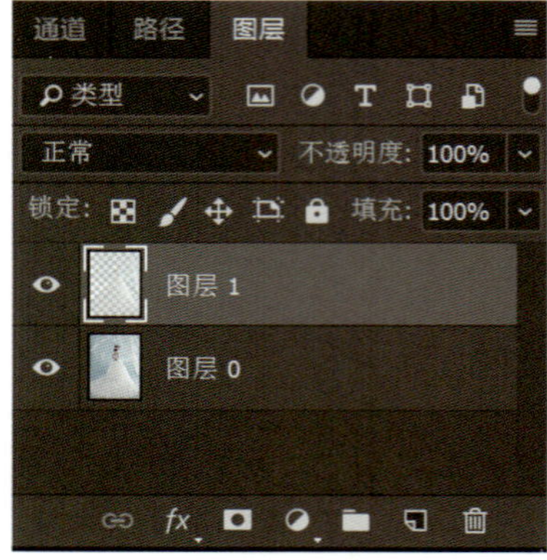

图4-5-6

④ 关闭“图层1”的显示，选择最下面的图层——“图层0”。使用工具栏的“快速选择工具”，选择图片中的人物头发、配饰、身体部分和下方婚纱，如图4-5-7所示。注意选择准确，不要多选或少选，可以在“快速选择工具”的设置上选择加选或减选。带加号的为加选，带减号的为减选，如图4-5-8所示。

图4-5-7

图4-5-8

⑤ 选择完成后执行菜单“选择—修改—收缩”命令，参数设置如图4-5-9所示。然后再执行菜单“选择—修改—羽化”命令，参数设置如图4-5-10所示。

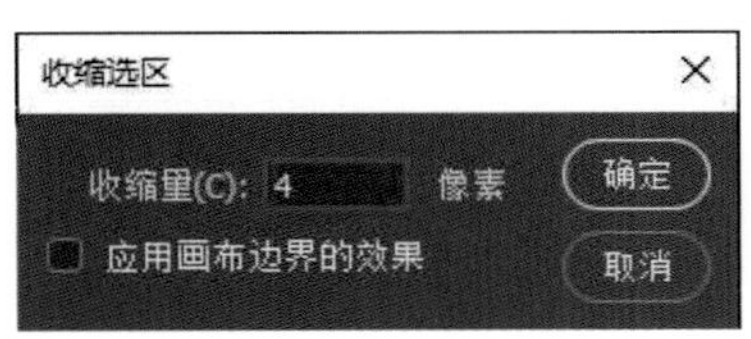

图4-5-9

图4-5-10

⑥ 执行菜单“图层—新建—通过拷贝的图层”命令，通过选区复制创建出一个新的图层——“图层2”，如图4-5-11所示。

图4-5-11

⑦ 在“图层”面板创建一个新的图层——“图层3”，拖动“图层3”到“图层2”的下方，图层顺序如图4-5-12所示。

⑧ 选择“渐变工具”，选择第一种渐变类型——线性渐变，颜色从浅粉色渐变到浅蓝色。参数设置如图4-5-13所示。在“图层3”上从上方按住鼠标向下拖拽后松开，打开“图层1”的显示，得到一个渐变图形，如图4-5-14所示。

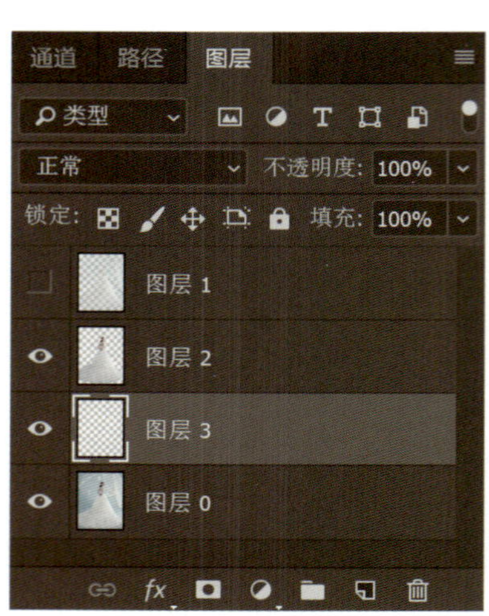

图4-5-12

图4-5-13

图4-5-14

⑨ 选择“图层2”，选择“减淡工具”，如图4-5-15所示。调整画笔的大小，对婚纱下方有黑边的部分描一描，减轻黑边，如图4-5-16所示。

图4-5-15

图4-5-16

⑩ 选择“图层1”，执行菜单栏“图层—向下合并”命令，完成“图层1”和“图层2”的合并得到一个新的“图层2”，如图4-5-17所示。执行“滤镜—液化”命令，对人物的衣服、手臂等地方做修饰，如图4-5-18所示，效果如图4-5-19所示。

图4-5-17

图4-5-18

图4-5-19

⑪ 使用“矩形选择工具”选择婚纱的拖尾，如图4-5-20所示。然后按“Ctrl+T”组合键向下拉长婚纱拖尾，挡住最下方的一部分蓝色背景，最终效果如图4-5-21所示。当然背景的颜色可以任意更换以达到所需的效果。

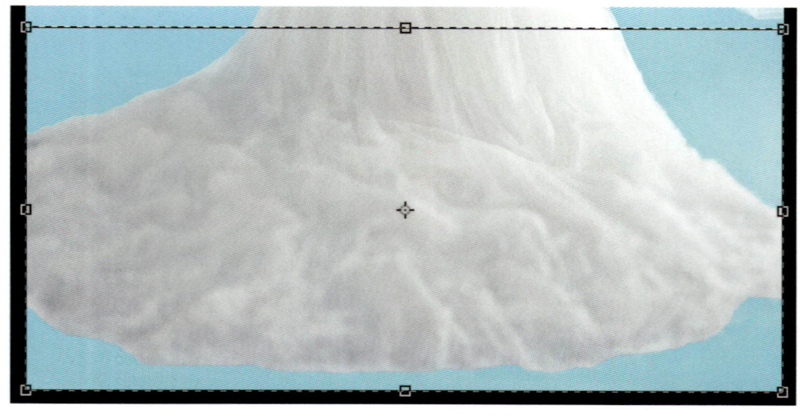

图4-5-20

图4-5-21

第 5 章　滤镜与动作

学习内容：本章主要讲解滤镜的分类及特效制作、动作的概念及运用动作记录作图过程。

学习重点：理解滤镜的概念，熟练运用滤镜制作特效。

学习难点：有效分析案例需求，准确选择、使用各种滤镜配合其他工具、命令制作特殊效果。

5.1 滤镜

5.1.1 滤镜简介

滤镜原本是一种摄影器材，安装在镜头前，可以改变拍摄方式，影响色彩或产生特殊的拍摄效果。Photoshop中的滤镜是一种插件模块，它们能够操纵图像中的像素。位图是由像素构成的，每一个像素都有自己的位置和颜色值，滤镜就是通过改变像素的位置或颜色来生成特效的。

滤镜是一种数量多、用途广、功能强大、极具吸引力的工具，为用户处理图像提供了强大的支持。应用滤镜可以对图像进行随心所欲的变形和表面处理，不仅能制作各种特效，还能模拟素描、油画、水彩等绘画效果。滤镜极大地增强了Photoshop的功能，使用户可以轻易地制作出令人满意的效果和十分专业的作品。

Photoshop本身就提供了近百种滤镜，每种滤镜的效果都光怪陆离，千变万化，而且操作简单，可以在很短的时间内实现各种特殊效果。除了提供的内置滤镜外，还可以安装其他外挂滤镜进行图像处理，如KP、Eye Candy等。

滤镜的操作是非常简单的，但是真正用起来却很难恰到好处。滤镜通常需要与通道、图层等联合使用，才能取得最佳艺术效果。

5.1.1.1 滤镜的使用原则

① 使用滤镜处理某一图像时，需要选择该图层，并且图层必须是可见的。

② 滤镜可以应用于当前选择范围、当前图层或通道，如果需要将滤镜应用于整个图层，不要选择任何图像区域。如果只希望对图像的一部分应用滤镜，应先使用选取工具选择目标区域，否则将会对整个图像应用滤镜。

③ 滤镜不能应用于索引颜色模式图像，图像模式是16位或32位，或者是CMYK颜色模式，也只能使用一部分滤镜。如果希望这些禁用的滤镜被使用，应先转换为8位RGB模式。

④ 有些滤镜完全在内存中处理，因而在处理高分辨率图像时非常消耗内存。有些滤镜允许在应用之前预览处理效果，以便调整得到最佳的滤镜参数，一般的滤镜对话框都有预览图像。

5.1.1.2 转化为智能滤镜

常规滤镜是永久性地修改图像，而智能滤镜是非破坏性的，是可以调整、开启/关闭和删除的。然而，智能滤镜只能应用于智能对象，所以执行“转换为智能滤镜”命令时就默认将图像转换为智能图像了，如图5−1−1所示。

注意：

① 应用于智能对象的任何滤镜都是智能滤镜。因此，如果当前图层为智能对象，可以直接对其应用滤镜，而不必将其转换为智能滤镜。

② 除了“液化”和“消失点”等少数滤镜之外，其他滤镜都可以作为智能滤镜使用，这其中也包括支持智能滤镜的外挂滤镜。

③ 对普通图层应用滤镜时，需要使用“编辑—渐隐”命令改变滤镜的不透明度和混合模式。而智能滤镜则不同，可以随时通过编辑“混合选项”来修改不透明度和混合模式。

④ 对普通图层应用滤镜时，执行“编辑—渐隐”命令，可将应用滤镜后的图像与原图像进行混合。就好像混合了两个单独的图层一样，其中一个图层是原图像，另一个图层是应用滤镜后的图像，可以得到一些特殊的效果。

转换为智能滤镜之后，可以在图层上将滤镜效果隐藏（关闭）和删除，双击“滤镜库”还可以调出当前滤镜的参数面板，对参数进行修改和调整，如图5–1–2所示。

滤镜分为内置滤镜和外挂滤镜两大类。内置滤镜是Photoshop自身提供的各种滤镜，外挂滤镜是由其他厂商开发的滤镜，他们需要安装在Photoshop中才能使用。

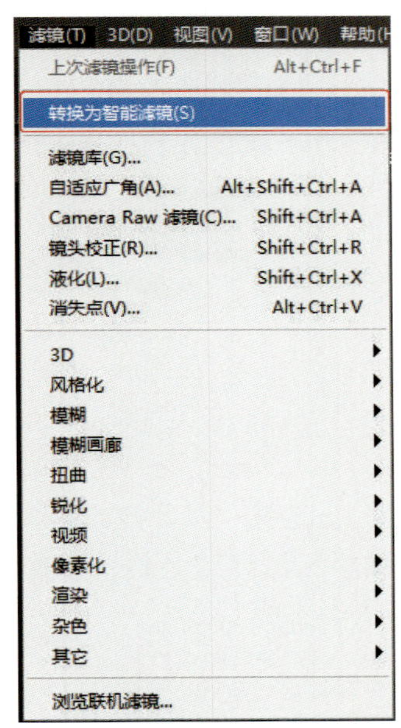

图5–1–1

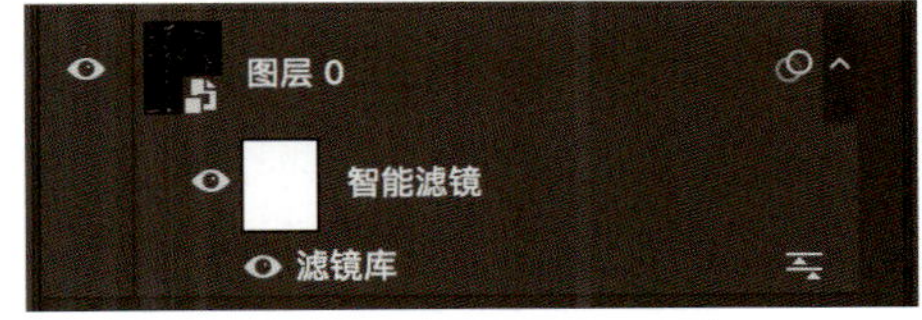

图5–1–2

5.1.1.3 滤镜库

滤镜库是整合了多个常用滤镜组的对话框。利用滤镜库可以应用多个滤镜或多次应用单个滤镜，还可以重新排列滤镜或更改已应用的滤镜设置。执行“滤镜—滤镜库”命令，弹出“滤镜库”对话框，可分别对“风格化”“画笔描边”“扭曲”“素描”“纹理”“艺术效果”等进行设置，如图5–1–3所示。

① 预览窗口：用于预览应用滤镜的效果。

② 滤镜缩览图列表窗口：以缩览图的形式，列出了风格化、画笔描边、扭曲、素描、纹理、艺术效果等滤镜组的一些常用滤镜。

③ 缩放区：可以缩放预览窗口中的图像。

④ 滤镜下拉列表框：该下拉列表框以列表的形式显示了滤镜缩览图列表窗口中的所有滤镜，单击下拉按钮，可从中进行选择。

⑤ 滤镜参数设置区：当选择不同滤镜时，该位置就会显示出相应的滤镜参数，供用户进行选择。

⑥ 应用到图像上的滤镜列表：该列表按照先后顺序，列出了当前所有应用到图像上的滤镜列表。选择其中的某个滤镜，用户仍可以对其参数进行修改，或者单击其左侧的眼睛图标，隐藏该滤镜效果。

⑦ 已应用但未选择的滤镜：已经应用到当前图像上的滤镜，其左侧显示了眼睛的图标。

⑧ 新建效果图层：单击该按钮可以添加新的滤镜。

⑨ 删除效果图层：单击该按钮可以删除当前选择的滤镜。

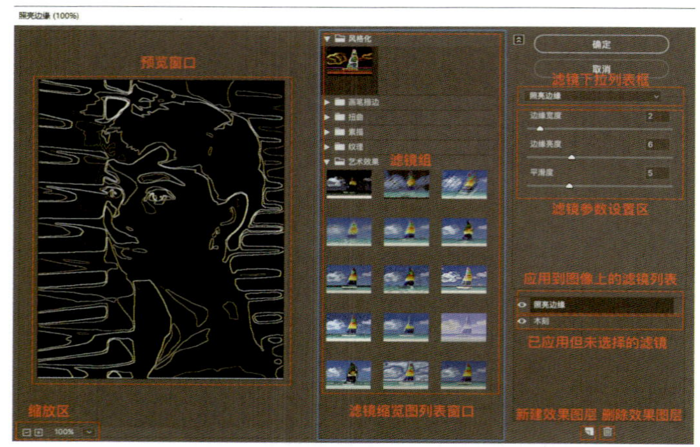

图5-1-3

图5-1-4

5.1.1.4 案例：制作沙画效果图片

① 打开素材图片，如图5-1-4所示。

② 执行“滤镜—转换为智能滤镜”，执行“滤镜—滤镜库”。选择“画笔描边”中的第四个“喷色描边”，这时候可以在“滤镜下拉列表框”中看到“喷色描边”的滤镜名称，设置参数“描边长度”为12，“喷色半径”为7，如图5-1-5所示。

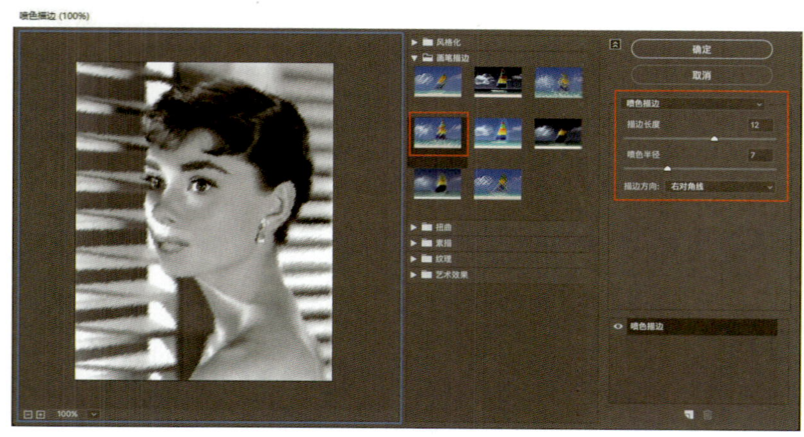

图5-1-5

③ 点击“新建效果图层”，新建一个滤镜图层。选择“画笔描边”中的第三个“喷溅”，并设置参数，如图5-1-6所示。

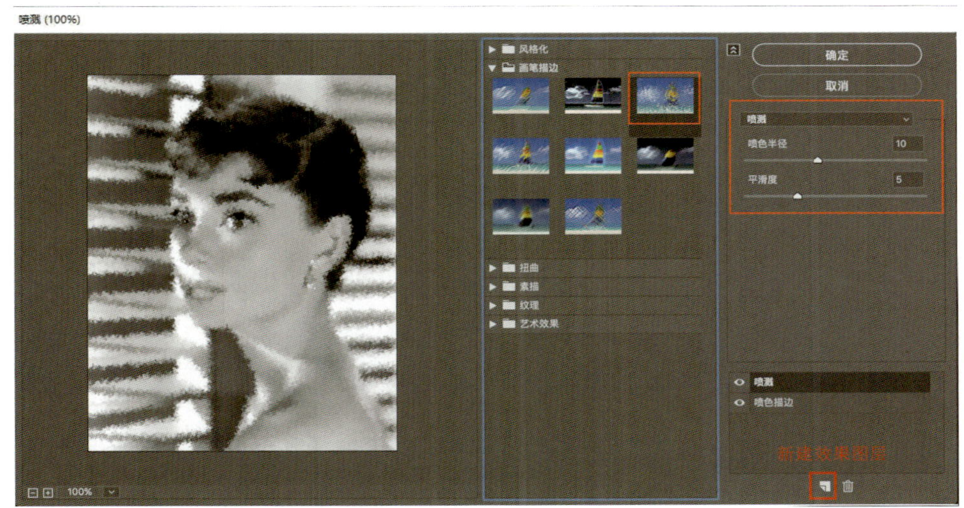

图5-1-6

④ 点击“确定”按钮，如图5-1-7、图5-1-8所示。由于该滤镜是智能滤镜，可以随时进行修改。注意：只有“转换为智能滤镜”后，才可以进行这样的编辑。

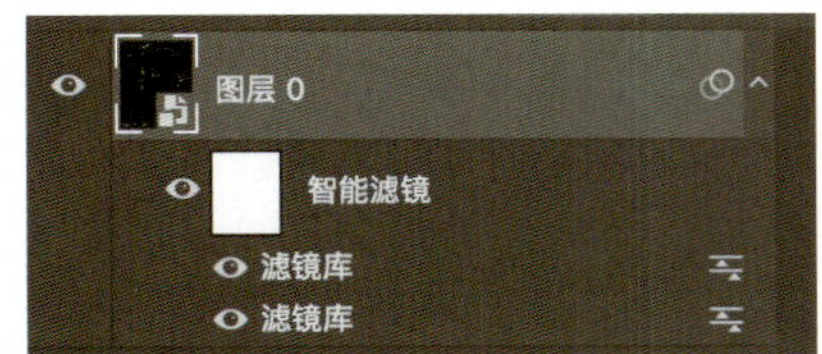

图5-1-7

图5-1-8

5.1.2 滤镜的分类

5.1.2.1 自适应广角滤镜

可以校正由于使用广角镜头而造成的镜头扭曲，可以快速拉直在全景图或采用鱼眼镜头和广角镜头拍摄的照片中看起来弯曲的线条。

5.1.2.2 镜头校正滤镜

可以校正许多普通照相机镜头变形失真的缺陷。

打开一张需要镜头校正的照片，如图5-1-9所示。执行“滤镜—镜头校正”命令，弹出“镜头校正”对话框，单击“自定”选项卡显示手动设置面板，并设置参数，如图5-1-10所示，点击“确定”。然后利用“裁剪”工具裁剪出适合的大小，如图5-1-11所示，效果如图5-1-12所示。

图5-1-9

图5-1-10

图5-1-11

图5-1-12

5.1.2.3 液化滤镜

液化滤镜是修饰图像和创建艺术效果的强大工具，它能够非常灵活地创建推拉、扭曲、旋转、收缩等变形效果，可以修改图像的任意区域。

① 打开一张人像图片，复制背景图层，在复制的图层上进行滤镜特效的尝试。打开“滤镜—液化”，在“液化”对话框面板上，选择“向前变形工具”，调整画笔的大小，将人物的手臂赘肉部分向内推，使其看起来变瘦，如图5-1-13、图5-1-14所示，效果如图5-1-15所示。

图5-1-13

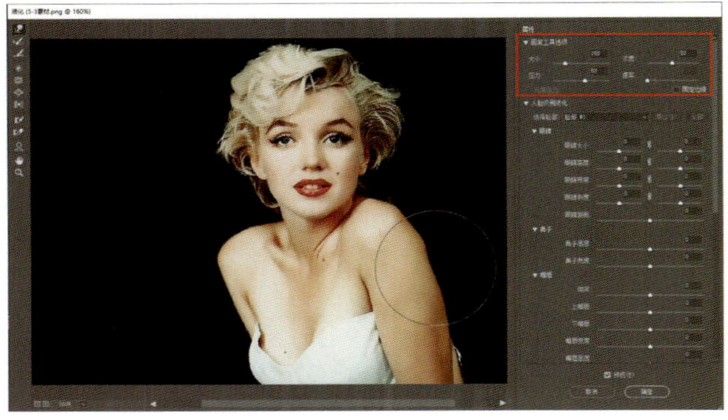

图5-1-14

图5-1-15

② 使用“人像识别液化”修改面部。复制刚才修改的图层，在“背景 拷贝2”图层上进行人像识别液化的尝试。打开“滤镜—液化”，如图5-1-16所示。注意：此时的液化选择的是下面的液化，如果选择最上方的液化，则是对刚才步骤的重复。

③ 在“人像识别液化”中通过修改参数来对面部进行调整，勾选“预览”，可以快速修改眼睛、鼻子、嘴唇和脸部，非常快捷，如图5-1-17所示。

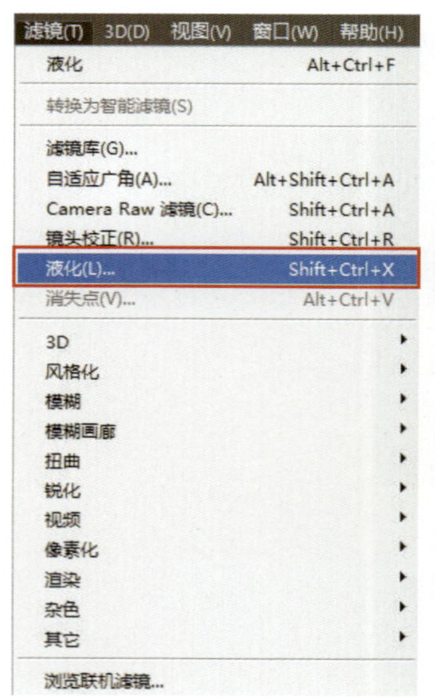

图5-1-16

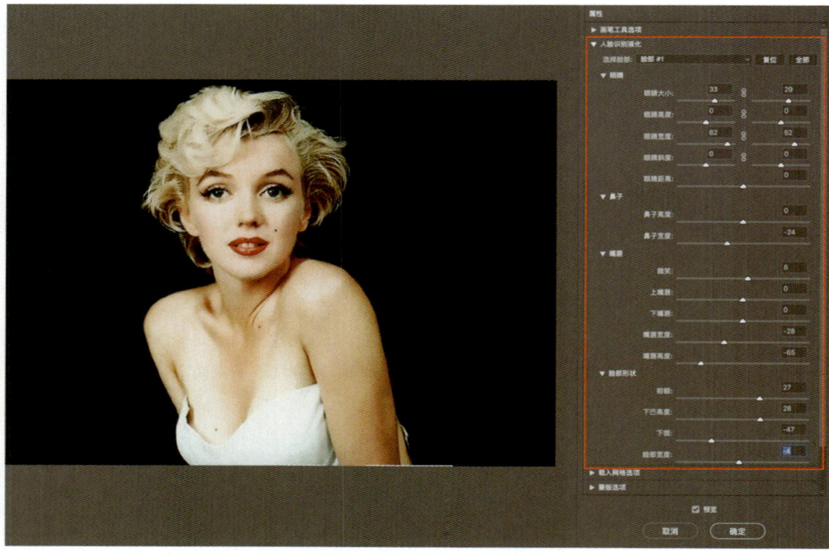

图5-1-17

④ 点击“脸部工具”，也可以在预览图上直接对眼睛、鼻子、嘴唇、脸部形状进行调整，如图5-1-18、图5-1-19所示。

当对图像使用了一个滤镜进行处理后，“滤镜”菜单的顶部便会出现该滤镜的名称，单击它可以快捷使用该滤镜，也可按“Ctrl+Alt+F”快捷键执行这一操作。

图5-1-18

图5-1-19

5.1.2.4 消失点滤镜

消失点滤镜能够在保证图像透视角度不变的前提下，对图像进行绘画、仿制、复制或粘贴以及变换等编辑操作。消失点滤镜的作用就是帮助用户对含有透视平面的图像进行透视调节和编辑。

① 打开一张户外广告牌，如图5-1-20所示，执行“滤镜—消失点”命令，打开“消失点”对话框，选择“创建平面工具”，分别单击广告牌的4个角，创建广告平面，如图5-1-21所示。

图5-1-20

图5-1-21

② 广告平面创建完成后，点击“确定”按钮，暂时关闭“消失点”对话框。

③ 打开广告内容图片，如图5-1-22所示，按“Ctrl+A”快捷键全选图像，按“Ctrl+C”快捷键复制图像至剪贴板。切换到户外广告牌图5-1-21，再次执行“滤镜—消失点”命令，打开“消失点”对话框，按“Ctrl+V”快捷键，将复制的图像粘贴到窗口，如图5-1-23所示。

④ 选择“变换工具”，移动广告内容图片四个角的控制点变换其大小，调整广告内容图片的位置使其置入户外广告牌的广告平面中，并与户外广告牌的大小相符合，单击“确定”按钮，关闭对话框，效果如图5-1-24所示。

图5-1-22

图5-1-23

图5-1-24

5.1.2.5 风格化滤镜

风格化滤镜组中包括了9种滤镜，它们可以置换像素、查找并增加图像的对比度，产生绘画和印象派风格效果。

（1）查找边缘。

查找边缘滤镜可以自动搜索图像的主要颜色区域，将高反差区域变亮，低反差区域变暗，其他区域介于两者之间，硬边变为线条，柔边变粗，可以自动形成一个清晰的轮廓，突出图像的边缘。

打开图5-1-12，执行“滤镜—风格化—查找边缘”命令，如图5-1-25所示，效果如图5-1-26所示。

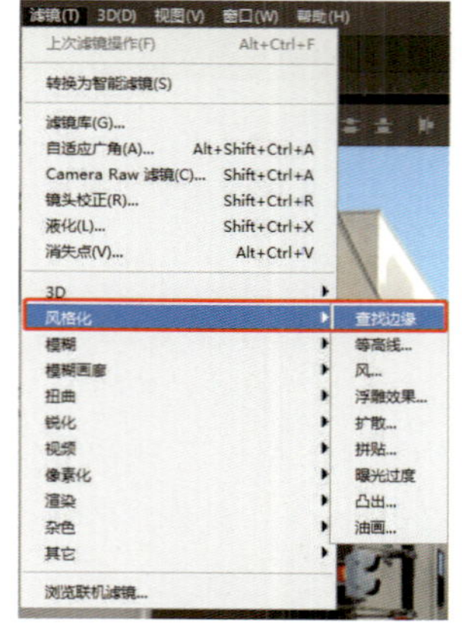

图5-1-25

图5-1-26

（2）等高线。

该滤镜可以查找主要亮度区域的转换，并为每个颜色通道淡淡地勾勒主要亮度区域的转换，以获得与等高线图中的线条类似的效果，如图5-1-27所示。

（3）风。

风滤镜可在图像中增加一些细小的水平线来模拟风吹的效果，如图5-1-28所示。该滤镜只在水平方向起作用，要得到其他方向的风吹效果，需要先将图像旋转，然后再使用该滤镜。

图5-1-27

图5-1-28

（4）浮雕效果。

该滤镜可以通过勾画图像或选区的轮廓以及降低周围色值来生成凸起或凹陷的浮雕效果，如图5-1-29所示。

（5）扩散。

该滤镜可以使图像中相邻的像素按规定的方式有机移动，使图像扩散，形成一种类似于透过磨砂玻璃观看对象时的分离模糊效果，如图5-1-30、图5-1-31所示。

图5-1-29

图5-1-30

图5-1-31

（6）拼贴。

该滤镜可以将图像分解为瓷砖方块，并使其偏离原来的位置，产生不规则瓷砖拼凑成的图像的效果。该滤镜会在各砖块之间产生一定的空隙，可以在“填充空白区域用”选项组内选择空隙中使用什么样的内容进行填充，如图5-1-32、图5-1-33所示。

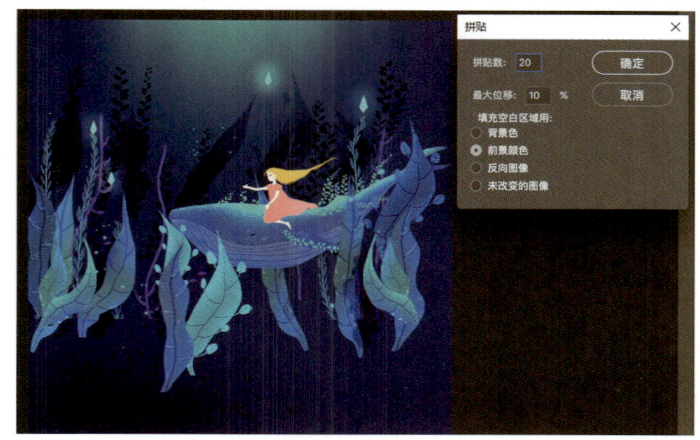

图5-1-32

图5-1-33

（7）曝光过度。

该滤镜可以混合负片和正片图像，模拟出摄影中增加光线强度而产生的过度曝光的效果，如图5–1–34、图5–1–35所示。

图5–1–34

图5–1–35

（8）凸出。

该滤镜可以将图像分成一系列大小相同且有机重叠放置的立方体或锥体，产生特殊的3D效果，如图5–1–36所示。

图5–1–36

（9）油画。

油画滤镜是一种新的艺术滤镜，可以让图像产生油画效果，如图5–1–37所示。

图5–1–37

5.1.2.6 模糊滤镜

模糊滤镜包括表面模糊、动感模糊、径向模糊等11种滤镜，它们可以柔化像素、降低相邻像素间的对比度，使图像产生柔和、平滑过渡的效果。

（1）表面模糊。

该滤镜能够在保留边缘的同时模糊图像，可用来创建特殊效果并消除杂色或颗粒，如图5-1-38所示。

（2）动感模糊。

该滤镜可以根据制作效果的需要沿着指定方向模糊图像，产生的效果类似于以固定的曝光时间给一个移动的对象拍照，如图5-1-39所示。

图5-1-38

图5-1-39

（3）方框模糊。

可以基于相邻像素的平均色值来模糊图像，生成类似于方块状的特殊模糊效果。半径值可以调整用于计算给定像素的平均值的区域大小。

（4）高斯模糊。

可以添加低频细节，使图像产生一种朦胧效果。通过调整“兰径”值可以设置模糊的范围，它以像素为单位，数值越高，模糊效果越强烈。

（5）进一步模糊。

可以平衡已定义的线条和遮蔽区域的清晰边缘旁边的像素，使变化显得柔和。

（6）径向模糊。

用于模拟缩放或旋转相机时所产生的模糊，产生的是一种柔化的模糊效果。

打开图5-1-40，选择“滤镜—模糊—径向模糊”，在弹出的对话框中选择“旋转”，并设置参数，效果如图5-1-41所示；选择“缩放”，并设置参数，效果如图5-1-42所示。

图5-1-40

图5-1-41

图5-1-42

（7）镜头模糊。

该滤镜可以向图像中添加模糊，模糊效果取决于模糊的源设置。

（8）模糊。

该滤镜用于在图像中有显著颜色变化的地方消除杂色，它可以通过平衡已定义的线条和遮蔽区域的清晰边缘旁边的像素来使图像变得柔和。

（9）平均。

该滤镜可以查找图像的平均颜色，然后以该颜色填充图像，创建平滑的外观。

（10）特殊模糊。

该滤镜提供了半径、阈值和模糊品质等设置选项，可以精确地模糊对象。

选择“特殊模糊”中的“仅限边缘”模式，效果如图5-1-43所示；选择“叠加边缘”模式，效果如图5-1-44所示。

图5-1-43

图5-1-44

（11）形状模糊。

该滤镜可以使用指定的形状创建特殊的模糊效果。

5.1.2.7 模糊画廊滤镜

模糊画廊滤镜包含场景模糊、光圈模糊、移轴模糊、路径模糊、旋转模糊5种滤镜，它们可以根据场景、光圈、移轴、路径、旋转方式模糊图像，使图像产生柔和、平滑过渡的效果。

① 场景模糊：可以对指定的区域进行模糊，通过控制点设置模糊的区域和大小。

② 光圈模糊：模仿光圈大小所形成的浅景深模糊效果，以突出画面主体。

③ 移轴模糊：通过移动或旋转不同的轴线得到不同的模糊范围，移轴偏移只能对某个区域进行模糊，不适用于特定的对象，效果如图5-1-45所示。

④ 路径模糊：通过移动路径得到不同的模糊范围，并编辑模糊路径显示和控制每个终点编辑模糊对象。

⑤ 旋转模糊：可以对指定的区域进行旋转模糊，通过控制点设置模糊的区域和大小，效果如图5-1-46所示。

图5–1–45

图5–1–46

5.1.2.8 扭曲滤镜

扭曲滤镜包括波浪、波纹、极坐标、挤压、切变等9个滤镜，它们通过创建三维或其他形体效果对图像进行几何变化，创建3D或其他扭曲效果。

（1）波浪。

可以在图像上创建波浪起伏的图案，形成波浪效果。在类型列表中可以设置“正弦”“三角形”与“方形”的波纹形态，如图5–1–47所示。

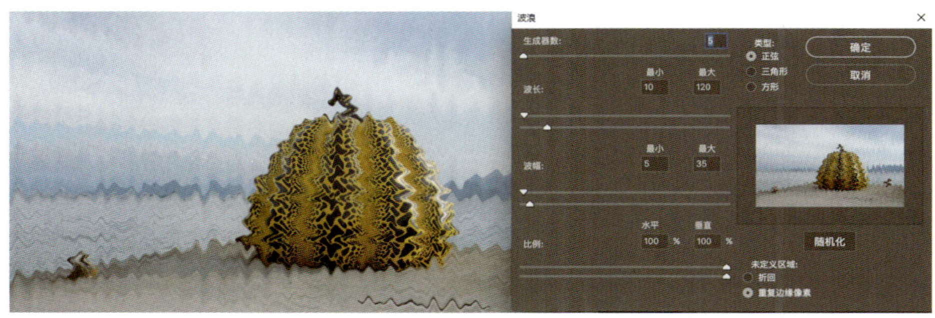

图5–1–47

（2）波纹。

波纹滤镜与波浪滤镜的工作方式相同，但提供的选项较少，只能控制波纹的数量和大小。

（3）极坐标。

以坐标轴为基准，将图像从平面坐标转换到极坐标，或将极坐标转换为平面坐标。

① 首先打开一张横向的风景图片，新建背景图层，执行“图像—画布大小”命令，将画布改成1:1的比例，使得画布变成一个正方形（通过执行“图像—画布大小”来修改画布大小），如图5-1-48所示。

② 选择风景图片，按“Ctrl+T”快捷键自由变换，旋转180°将图片上下颠倒，执行“滤镜—扭曲—极坐标”，如图5-1-49所示。

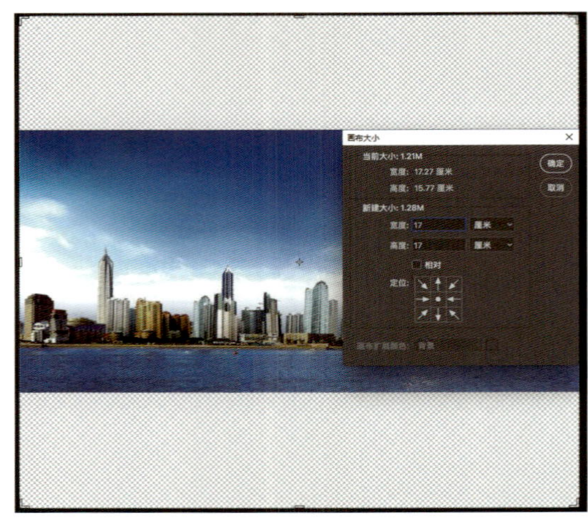

图5-1-48

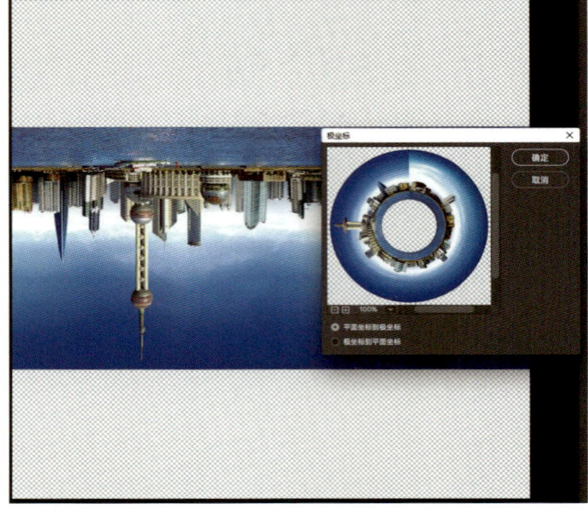

图5-1-49

（4）挤压。

可以将整个图像或者选区内的图像向内或者向外挤压。数量用于控制挤压程度，该值为负时图像向外凸出，为正时图像向内凹陷。

（5）切变。

该滤镜是比较灵活的滤镜，可以按照自己设定的曲线来扭曲图像。打开“切变”对话框后，在曲线上单击可以添加控制点，通过拖动控制点改变曲线的形状即可扭曲图像，如图5-1-50所示。如果要删除某个控制点，将它拖到对话框外即可。

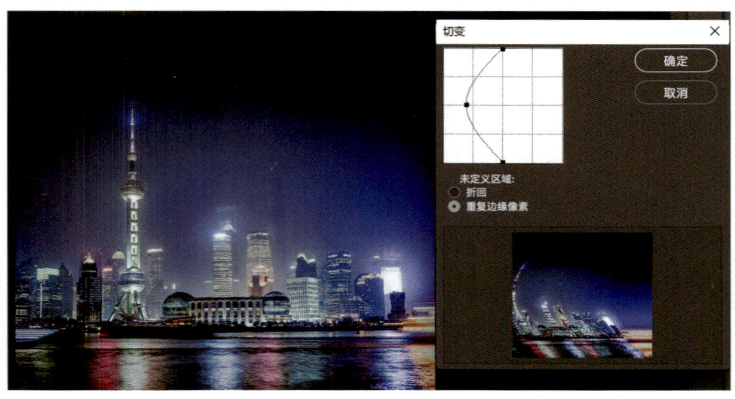

图5-1-50

（6）球面化。

通过将选区折成球形、扭曲图像、伸展图像以适合选中的曲线，使图像产生3D效果，如图5-1-51、图5-1-52所示。

图5-1-51

图5-1-52

（7）水波。

可以模拟水池中的波纹，在图像中产生类似于向水池中投入石子后水面的变化形态。首先要在水面中创建一个椭圆形的选区，再执行“滤镜—扭曲—水波”，如图5-1-53至图5-1-55所示。

图5-1-53

图5-1-54

图5-1-55

（8）旋转扭曲。

可以使图像产生旋转的风轮效果，旋转会围绕图像中心进行，中心旋转的程度比边缘大，如图5-1-56、图5-1-57所示。

图5-1-56

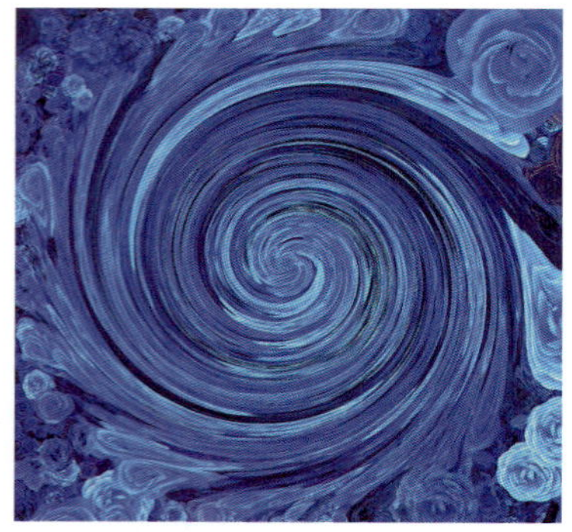

图5-1-57

（9）置换。

可以根据另一张图片的亮度值使现有图像的像素重新排列并产生位移，在使用该滤镜前需要准备好一张用于置换的psd格式图像。

打开T恤图片，将其存储为“T恤 形状.psd”（注意一定要保存psd文档）；再把图案素材“我爱学习，学习使我快乐”拖入到此文档中，置于T恤图层的上层，调整图案素材的大小，如图5-1-58所示。

选择“图案素材”图层，执行“滤镜—扭曲—置换”，如图5-1-59所示，参数设置如图5-1-60所示，点击“确定”，选择刚刚保存的“T恤 形状.psd”文档。这时，图案素材会根据之前保存的“T恤 形状.psd”文档亮度，使现有图案素材的像素重新排列并产生位移，使图案产生和T恤一样的褶皱，如图5-1-61所示。

图5-1-58

图5-1-59

图5-1-60

图5-1-61

5.1.2.9 锐化滤镜

锐化滤镜组中包含6种滤镜，它们可以通过增强相邻像素间的对比度来聚焦模糊的图像，使图像变得清晰。

锐化图像时，Photoshop会提高图像中两种相邻颜色（或灰度层次）交界处的对比度，使它们的边缘更加明显，令其看上去更加清晰，造成锐化的错觉。

（1）USM锐化。

可以查找图像颜色发生明显变化的区域，然后将其锐化。

（2）防抖。

模拟相机镜头效果，能够在一定程度上降低由于抖动产生的模糊。

（3）锐化。

锐化滤镜通过增加像素间的对比度使图像变得清晰，锐化效果不是很明显。

（4）进一步锐化。

进一步锐化比锐化滤镜效果强烈些，相当于2～3次锐化滤镜。

（5）锐化边缘。

只锐化图像的边缘，同时会保留图像整体的平滑度。

（6）智能锐化。

与USM锐化滤镜比较相似，但是它提供了独特的锐化控制选项，可以设置锐化算法、控制阴影和高光区域的锐化量。

5.1.2.10 视频滤镜

视频滤镜组中包含2种滤镜，它们可以处理以隔行扫描方式的设备中提取的图像，将普通图像转换为视频设备可以接收的图像，以解决视频图像交换时系统差异的问题。

（1）NTSC颜色。

可以将色域限制在电视机重现可接受的范围内，以防止过饱和颜色渗到电视扫描行中。

（2）逐行。

可以移去视频图像中的奇数或偶数隔行线，使在视频中捕捉的运动图像变得平滑。

5.1.2.11 像素化滤镜

像素化滤镜包括彩色半调、点状化、马赛克、铜版雕印等7种滤镜，它们可以使单元格中颜色值相近的像素结成块状。

（1）彩块化。

可以使纯色或相近颜色的像素结成像素块。使用该滤镜处理扫描的图像时，可以使其看起来像手绘的图像。对于有些图像来说，操作一次可能效果不够明显，可以通过多次操作以达到明显的效果。操作一次后，可按“Ctrl+Alt+F”快捷键执行多次彩块化滤镜。

（2）彩色半调。

可以使图像变为网点状效果，它将图像划分为矩形，并用圆形替换每个矩形，如图5-1-62所示。

（3）点状化。

可以将图像中的颜色分散为随机分布的网点，如同点状绘画效果，背景色将作为网点之间的画布区域。使用该滤镜时，可通过“单元格大小”来控制网点的大小，如图5-1-63所示。

图5-1-62

图5-1-63

（4）晶格化。

可以使图像中颜色相近的像素结块形成多边形纯色。使用该滤镜时，可通过“单元格大小”来控制多边形色块的大小，如图5-1-64所示。

（5）马赛克。

该滤镜可以使像素结成方块状，模拟像素效果。使用该滤镜时，可以通过“单元格大小”来调整马赛克大小。如果在图像中，创建一个选区，再应用该滤镜，则可以生成电视中的马赛克画面效果，如图5-1-65所示。

图5-1-64

图5-1-65

（6）碎片。

可以将图像中的像素复制4次，然后将复制的像素平均分布，并使其相互偏移，使图像产生一种类似于相机没有对准焦距所拍摄出的模糊照片的效果，如图5-1-66所示。

（7）铜版雕刻。

可以在图像中随机生成各种不规则的直线、曲线和斑点，可以在“类型”下拉列表中选择一种网点图案，如图5-1-67所示。

图5-1-66

图5-1-67

5.1.2.12 渲染滤镜

渲染滤镜包括火焰、图片框、树、分层云彩、光照效果、镜头光晕、纤维、云彩等8种滤镜，它们可以使图像产生三维、云彩或光照效果，以及添加模拟的镜头折射和反射效果。

（1）火焰。

需要在图像上创建路径后才能使用该滤镜。

① 打开一张风景图，创建一个新的图层，在新的图层上用“钢笔工具”沿着想要的火焰轨迹画一条路径，如图5-1-68所示。

② 执行“滤镜—渲染—火焰”，进行参数设置，如图5-1-69所示。

③ 火焰效果完成，如图5-1-70所示。

图5-1-68

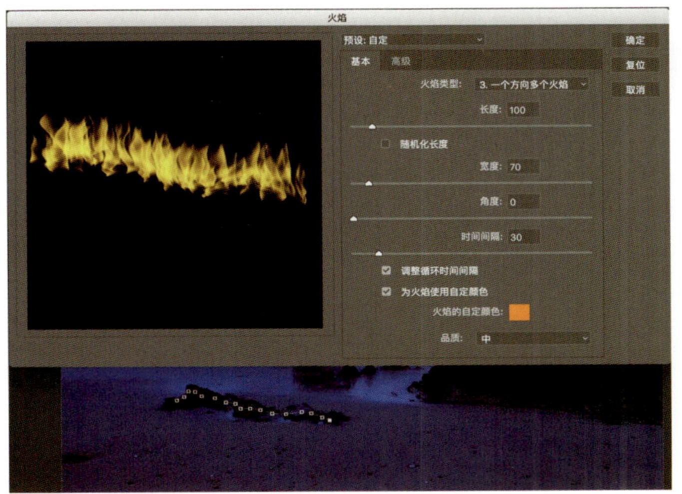

图5-1-69

图5-1-70

（2）图片框。

可以为图像添加单色的框架，并可设置框的颜色、花式等参数。

打开一张图片，执行“滤镜—渲染—图片框”，根据图片风格，选择喜欢的“图案—颜色—大小”等参数，如图5-1-71、图5-1-72所示。

图5-1-71

图5-1-72

（3）树。

该滤镜可以为图像添加树的素材，并可设置叶子的各项参数。

打开一张图片，新建图层，执行“滤镜—渲染—树”，根据图片风格，调整树的“类型”“叶子数量”“叶子大小”等参数，点击“确定”后，该图层的画面中间会出现一棵树。按“Ctrl+T”快捷键自由变换，调整树的大小和位置，如图5-1-73、图5-1-74所示。

图5-1-73

图5-1-74

（4）分层云彩。

可以将云彩数据和现有的像素混合。首次使用该滤镜时，图像的某些部分会被反相为云彩图案，多次应用该滤镜后，就会创建出与大理石纹理相似的凸像与叶脉图案。

（5）光照效果。

该滤镜是一个强大的灯光效果制作滤镜，它包含17种光照模式、3种光源，可以在RGB图像上产生无数种光照效果，还可以使用灰度文件的纹理产生类似3D的效果。

（6）镜头光晕。

模拟亮光照射到相机镜头所产生的折射效果，常用来表现玻璃、金属等的反射光或用来增强日光和灯光效果。

（7）纤维。

可以使用前景色和背景色随机创建编织纤维效果。

（8）云彩。

可以使用介于前景色与背景色之间的随机值生成柔和的云彩图案。

打开一张带有天空的风景图片。在背景图层的上方，建立新的空白透明图层。在前景色为黑色、背景色为白色的条件下，在空白图层上执行“滤镜—渲染—云彩”，效果如图5–1–75所示。

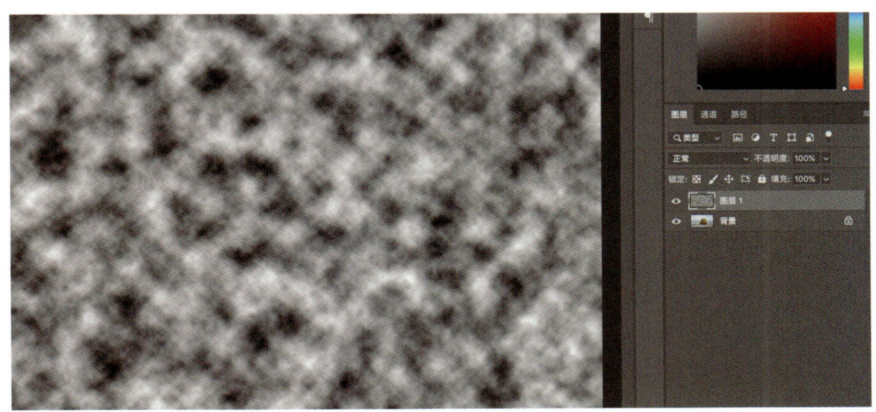

图5–1–75

将该滤镜图层的混合模式改为“滤色”，透明度改为65%，如图5–1–76所示。然后，用橡皮擦擦除不需要的地方（也就是除天空以外的部分），完成效果如图5–1–77所示。

图5–1–76

图5–1–77

5.1.2.13 杂色

杂色滤镜分为5种，分别是减少杂色、蒙尘与划痕、去斑、添加杂色、中间值滤镜，主要用于校正图像处理过程（如扫描）的瑕疵，它们可以添加或去除杂色或带有随机分布色阶的像素，创建特殊的图像纹理和效果。

（1）减少杂色。

对于去除使用数码相机拍摄的照片中的杂色是非常有效的。图像的杂色显示为随机的无关像素，它们不是图像细节的一部分。减少杂色滤镜可以基于整个图像或各个通道的设置保留边缘，同时减少杂色。

（2）蒙尘与划痕。

可以捕捉图像或选区中相异的像素，并将其融入周围的图像中去。通过更改图像中有差异的像素来减少杂色、灰尘、瑕疵等。

（3）去斑。

检测图像边缘颜色变化较大的区域，通过模糊除边缘以外的其他部分来起到消除杂色的作用，但不会损失图像的细节。

（4）添加杂色。

该滤镜可将添入的杂色与图像相混合。可以将随机的像素应用于图像，以模拟在高速胶片上拍摄所产生的颗粒效果。

（5）中间值。

通过混合选区中像素的亮度来减少图像的杂色。该滤镜会搜索像素选区的半径范围以查找亮度相近的像素，并且会扔掉与相邻像素差异太大的像素，然后用搜索到的像素的中间亮度值来替换中心像素。

5.2 滤镜综合案例

5.2.1 黑板

（1）设计要求。

通过滤镜中的添加杂色和渲染功能，制作黑板的玻璃材质和木纹材质的效果，效果如图5–2–1所示。

（2）制作步骤。

① 新建文档，宽度为1000像素，高度为600像素，分辨率为72像素/英寸。单击“图层”面板底部的“创建新的填充或调整图层”，创建“渐变”调整图层，在弹出的对话框中设置参数，如图5–2–2至图5–2–4所示。

图5–2–1

图5–2–2

图5–2–3

图5–2–4

②执行“滤镜—杂色—添加杂色”，在弹出的警告对话框中单击“转换为智能对象”按钮，并设置“添加杂色”参数，如图5-2-5所示。

③新建文档，参数设置如图5-2-6所示。

④设置“前景色”为灰色（#2F2F2F），执行“滤镜—渲染—纤维”命令，设置参数如图5-2-7所示。

⑤点击“创建新的填充或调整图层”，创建“色相/饱和度”调整图层，选中“着色”复选框，调整纤维的颜色，如图5-2-8、图5-2-9所示。

⑥合并可见图层，选择“移动工具”，将图层拖至前一个文档中。复制做好的纹理图层三次，并依次调整其位置，效果如图5-2-1所示。

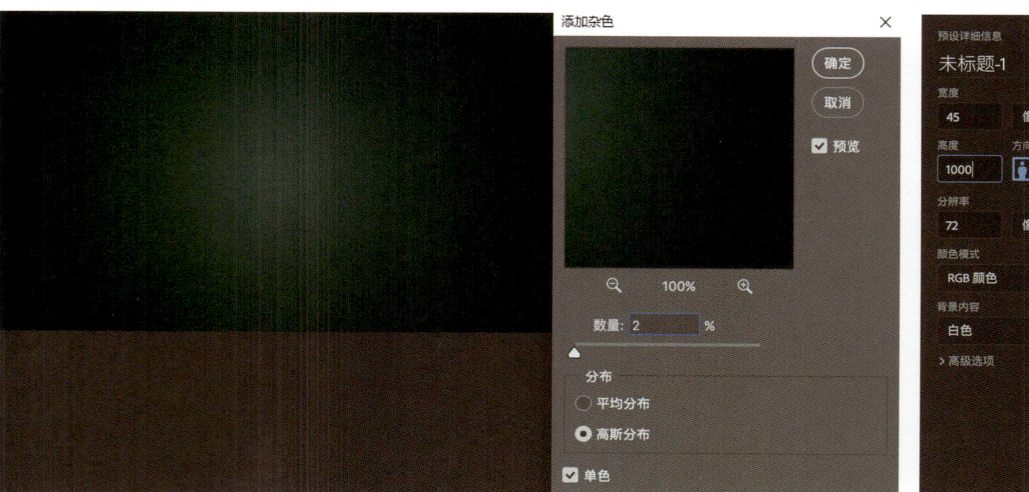

图5-2-5

图5-2-6

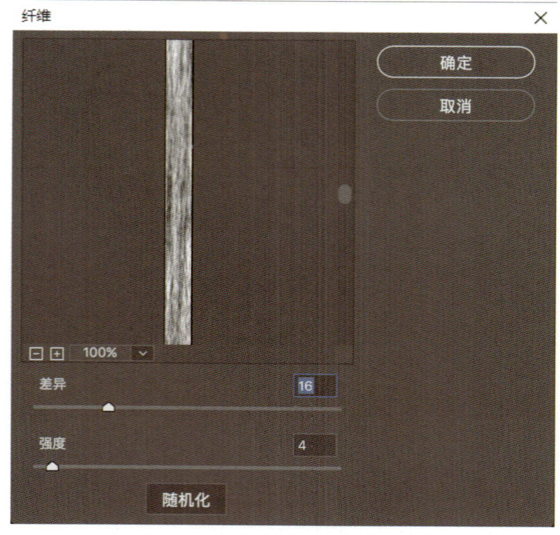

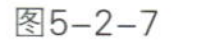

图5-2-7

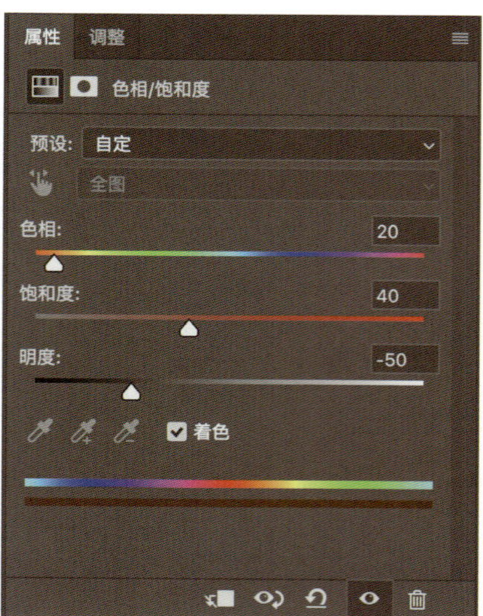

图5-2-8

图5-2-9

5.2.2 下雪效果制作

（1）设计要求。

主要通过滤镜（像素化、模糊）制作下雪效果，如图5-2-10所示。

（2）制作步骤。

① 打开素材如图5-2-11所示。

② 复制背景图层，新建“图层1”，按“Alt+Delete”键填充前景色（默认前景色为黑色，背景色为白色），如图5-2-12所示。

③ 选中“图层1”，执行“滤镜—像素化—点状化”命令，参数设置如图5-2-13所示。

④ 执行“滤镜—模糊—动感模糊”，参数设置如图5-2-14所示。

⑤ 将“图层1”的“混合模式”更改为“滤色”，如图5-2-15所示，效果如图5-2-16所示。

⑥ 选中“图层0 拷贝”，执行“图像—调整—替换颜色”，弹出对话框后，选择“添加到取样”工具分别吸取草坪和树的颜色，参数设置如图5-2-17所示。

⑦ 最终效果，如图5-2-10所示。

图5-2-10

图5-2-11

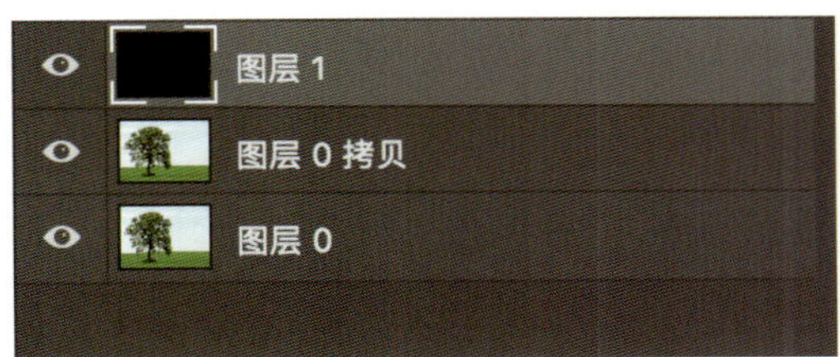

图5-2-12

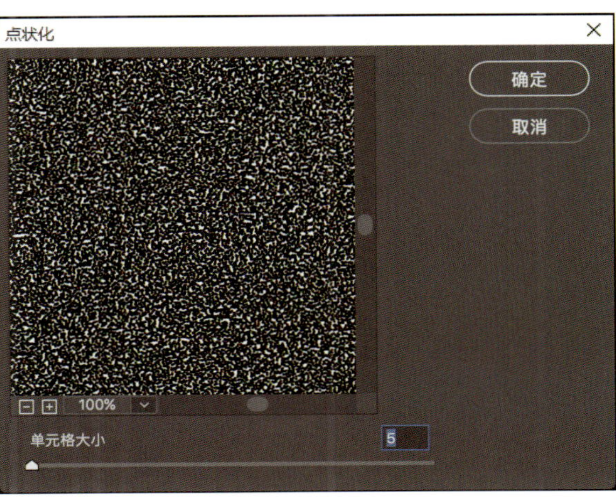

图5-2-13

图5-2-14

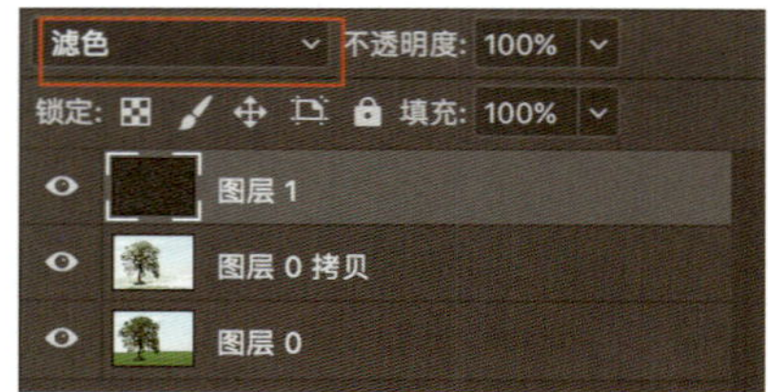

图5-2-15

图5-2-16

图5-2-17

5.2.3 水彩风格明信片

（1）设计要求。

主要通过滤镜（智能滤镜、滤镜库）制作水彩风格明信片，效果如图5-2-18所示。

（2）制作步骤。

① 打开照片文档（校园小景），选择图层，右键点击该图层，选择“转换为智能对象”，如图5-2-19所示。

② 打开“滤镜—滤镜库”，在“艺术效果”里，选择“干画笔”，调整“干画笔”的参数，使其呈现自然的水彩效果，如图5-2-20所示。

图5-2-18

图5-2-19

图5-2-20

③ 打开“窗口—调整”面板，点击“创建新的曲线调整图层”，如图5-2-21所示。调整曲线调整图层的参数，使其颜色更加鲜亮，如图5-2-22所示。

④ 点击“调整—创建新的亮度/对比度调整图层”，调整参数，提高亮度，降低对比度，如图5-2-23、图5-2-24所示。

⑤ 点击“调整—创建新的色相/饱和度调整图层”，调整参数，提高图片的饱和度，如图5-2-25、图5-2-26所示。

图5-2-21

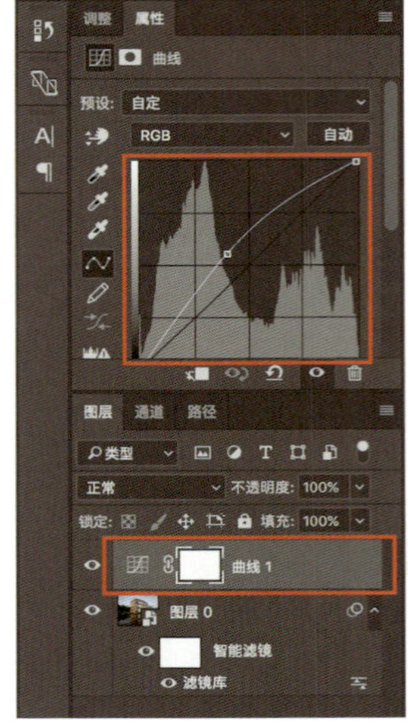

图5-2-22

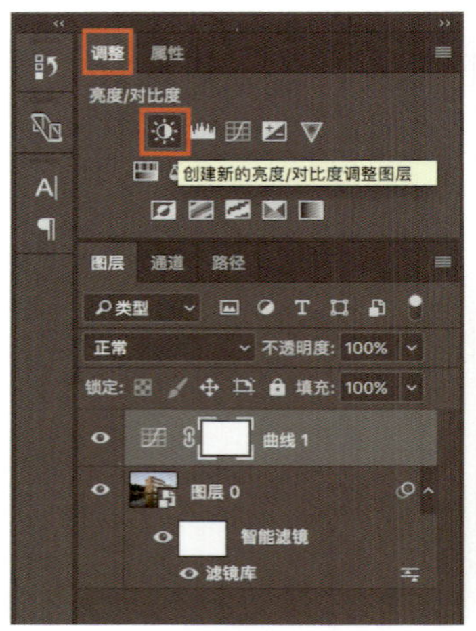

图5-2-23

图5-2-24

图5-2-26

图5-2-25

⑥ 导入云朵的照片，并调整图片大小和位置，旋转到合适的角度，将云朵图层放在风景图层的上一层，如图5-2-27、图5-2-28所示。

⑦ 将云朵图层“转换为智能对象”，然后给云朵图层添加“干笔画”滤镜，调整参数，如图5-2-29所示。

⑧ 给云朵图层“添加图层蒙版”，如图5-2-30所示。

图5-2-27

图5-2-28

图5-2-29

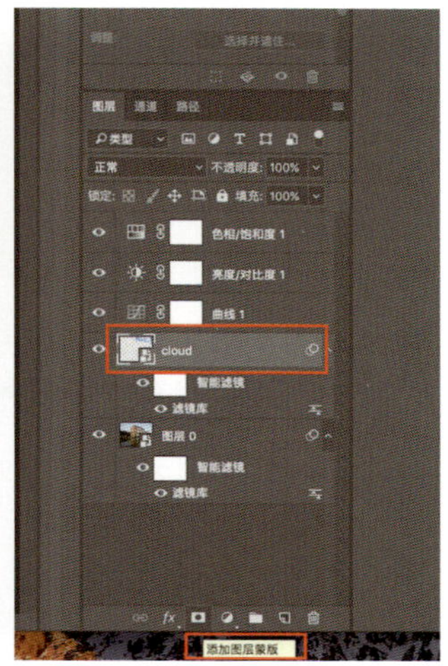

图5-2-30

然后用黑色的柔边“画笔工具”，在蒙版上给云朵图层需要遮盖的地方进行涂抹（在蒙版上，白色是显示，黑色是遮盖），参数设置如图5-2-31所示，效果如图5-2-32所示。

适当调整画笔的大小再次涂抹，让云朵融进画面中，变得自然，如图5-2-33所示。涂抹黑色画笔之后的蒙版如图5-2-34所示。

⑨ 最终效果如图5-2-18所示。

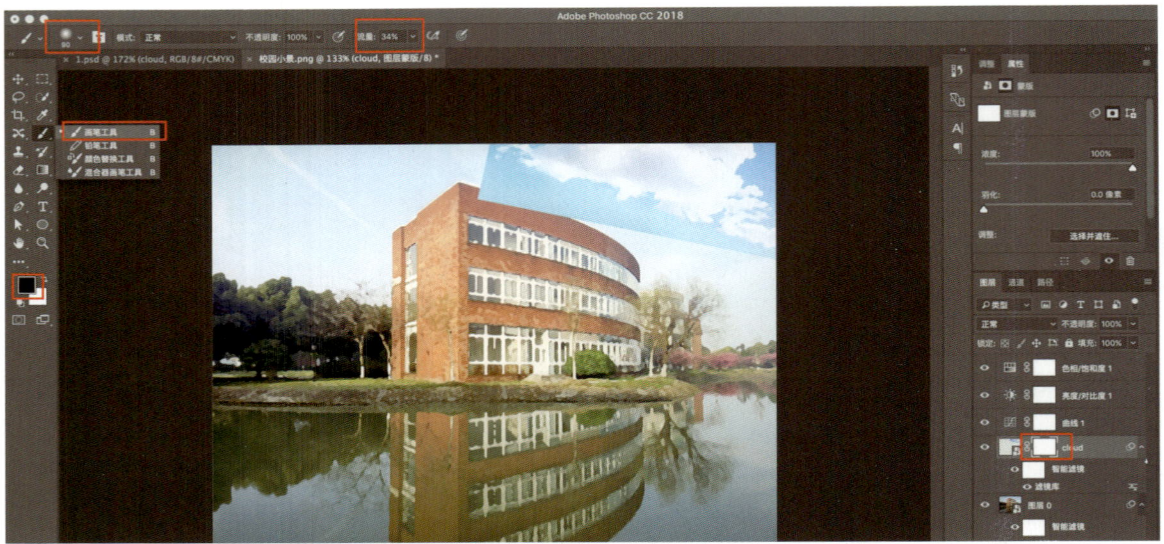

图5-2-31

图5-2-32

图5-2-33

图5-2-34

5. 2. 4 滤镜海报设计

（1）设计要求。

主要通过对渐变映射、液化、画笔、颜色渐变等数值的调整完成“滤镜”效果的制作，效果如图5–2–35所示。

（2）制作步骤。

① 新建文件，命名为“滤镜练习”。高为30厘米，宽为29厘米，分辨率为150像素/英寸。

② 新建“图层1”，并使用“画笔工具”在新建图层中绘制任意图形，如图5–2–36所示。

③ 选择“滤镜—液化”，使用“向前变形工具”，对“图层1”进行涂抹效果制作，如图5–2–37所示。

图5–2–35

图5–2–36

图5–2–37

④ 选中“图层1”，选择“创建新的填充或调整图层—渐变映射”，如图5-2-38所示。参数设置如图5-2-39所示，效果如图5-2-40所示。

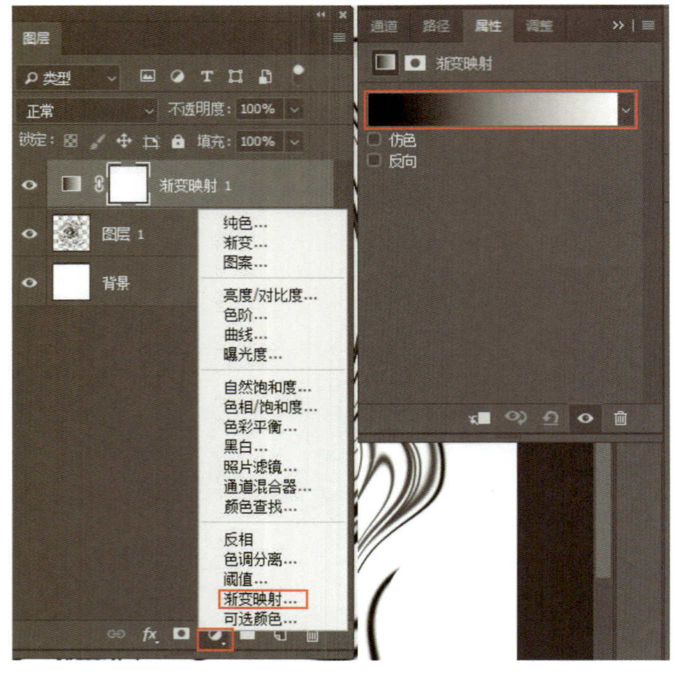

图5-2-38

图5-2-39

⑤ 将“图片1”放置于“滤镜练习”，并使用“魔棒工具”将背景去除，如图5-2-41所示。

⑥ 使用“文字工具”，在相应的位置添加文字，效果如图5-2-42所示。

⑦ 输出文件，保存为JPG格式，最终效果如图5-2-35所示。

图5-2-40

图5-2-41

图5-2-42

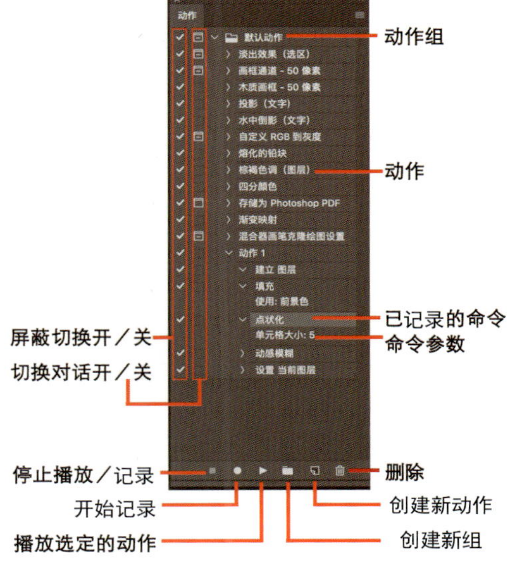

图5-3-1

5.3 动作

动作是用于记录图像命令的工具，使用“动作”可以将用户对图像所做的操作步骤记录在“动作”面板中，当用户需要重复使用该步骤时，播放该动作即可。“动作”对话框如图5-3-1所示。

屏蔽切换开/关：点击可以去掉此命令，使其在播放动作时不被执行。

切换对话开/关：若标记，则表示在执行此命令时会弹出对话框以供用户设置参数。

动作组：组是一组动作的集合，其中包含了一系列相关动作。Photoshop提供了“默认动作”“文字效果”“纹理效果”等多组动作。组就像是一个文件夹，可以展开或者折叠其中的动作。Photoshop在保存和载入动作时，都是以组为单位。

动作：显示动作组中独立动作的名称。

已记录的命令：显示动作组中记录的命令。

命令参数：显示动作中记录的命令参数。

停止播放/记录：单击该按钮停止动作的播放/记录。

开始记录：将当前的操作记录为动作，应用的命令，包括参数，被录制在动作中。

播放选定的动作：播放当前选定的动作。

创建新组：创建一个新的动作组。

创建新动作：创建一个新的动作。

删除：删除当前选定的动作。

5.3.1 案例：对文件播放动作

① 执行“文件—打开”命令，打开素材，如图5-3-2所示。

图5-3-2

② 单击“窗口”下拉菜单中的“动作”，弹出“动作”对话框。单击“动作”面板右上角的按钮，在弹出的面板菜单中选择“图像效果”选项，如图5-3-3、图5-3-4所示。

③ 将“图像效果”动作载入到面板中，选择“棕褐色调（灰度）”，如图5-3-5所示。

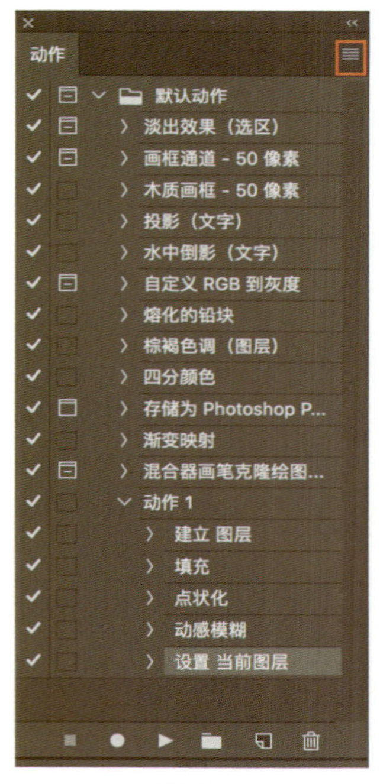

图5-3-3

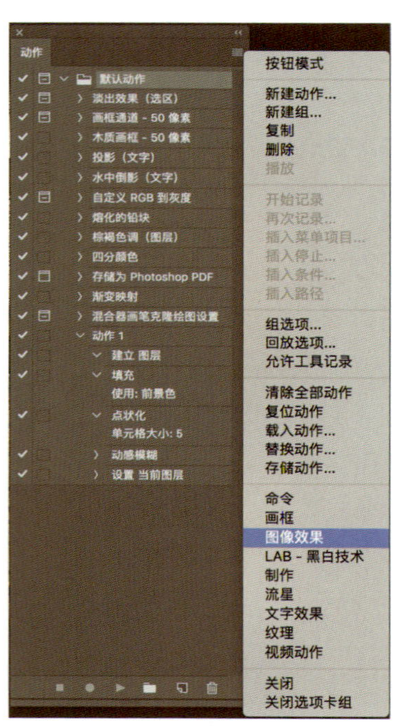

图5-3-4

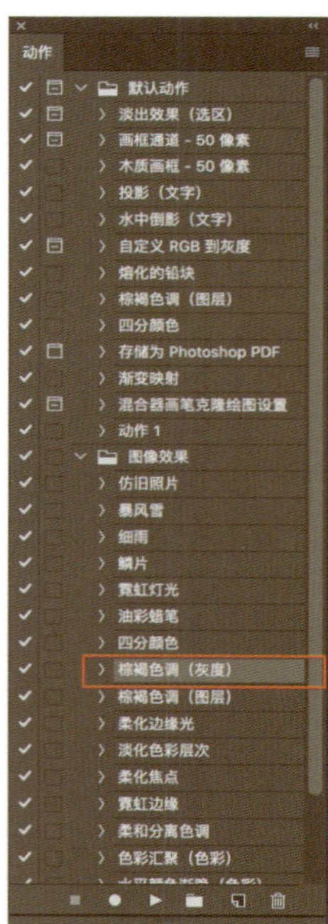

图5-3-5

④ 单击“播放选定的动作”按钮，播放该动作，得到棕褐色调效果，如图5-3-6所示。该操作自动拷贝了图层，自动在“背景 拷贝”图层上进行的动作操作，如图5-3-7所示。

图5-3-6

图5-3-7

5.3.2 创建和记录动作

① 打开素材，如图5-3-8所示。

② 单击“窗口”下拉菜单中的“动作”，弹出“动作”对话框。单击“创建新组”按钮，创建一个新的组，如图5-3-9所示。

图5-3-8

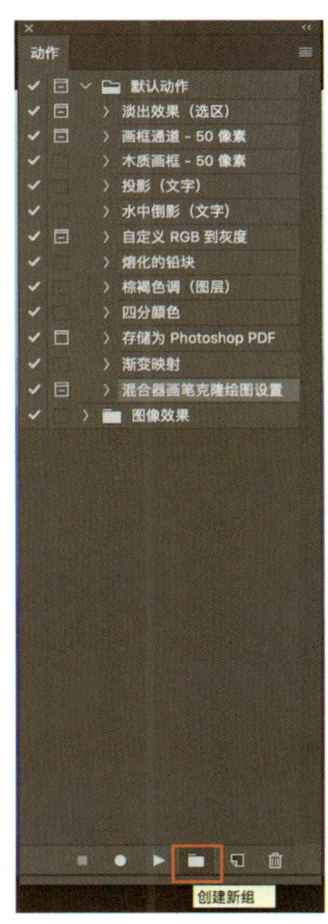

图5-3-9

③ 点击“创建新动作”按钮，创建一个新的动作，并将这个动作命名“下雨效果”，选择一个蓝色，如图5–3–10、图5–3–11所示。

④ 开始录制动作，这时候面板中的开始纪录按钮会变成红色。新建图层，按“Alt+Del”填充前景色（默认前景色为黑色，背景色为白色），如图5–3–12所示。执行“滤镜—像素化—点状化”命令，参数设置如图5–3–13所示，效果图5–3–14所示。执行“滤镜—模糊—动感模糊”命令，参数设置如图5–3–15所示。更改图层“混合模式”为“滤色”，不透明度设置为“70%”，如图5–3–16所示。下雨效果，如图5–3–17所示。

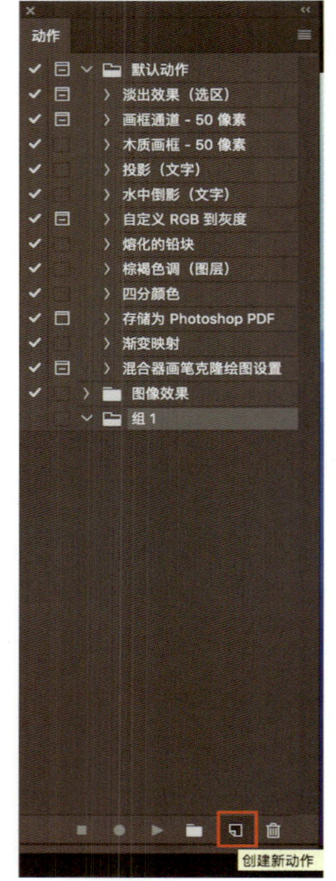

图5–3–10

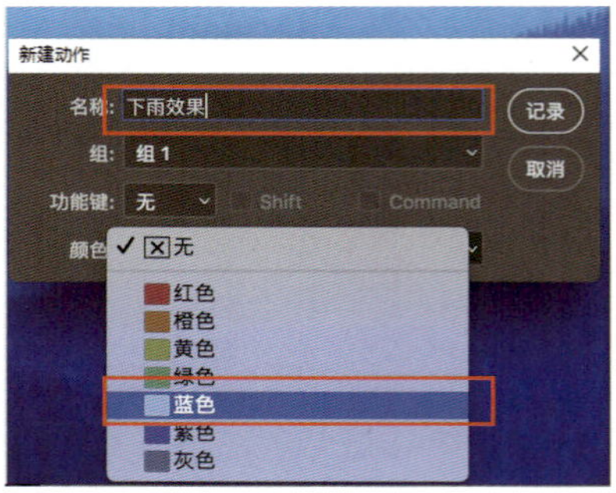

图5–3–11

图5–3–12

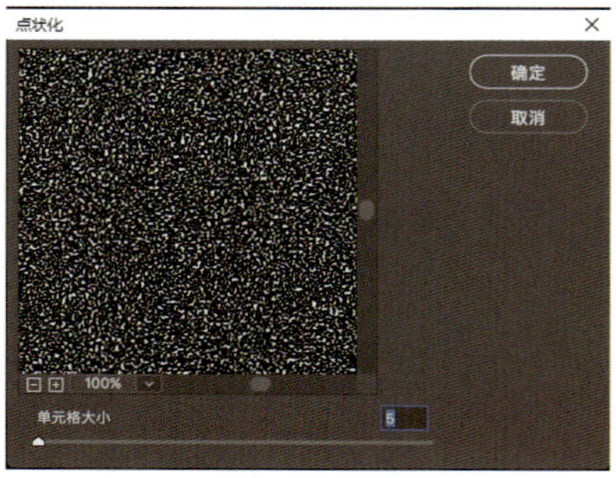

图5–3–13

图5–3–14

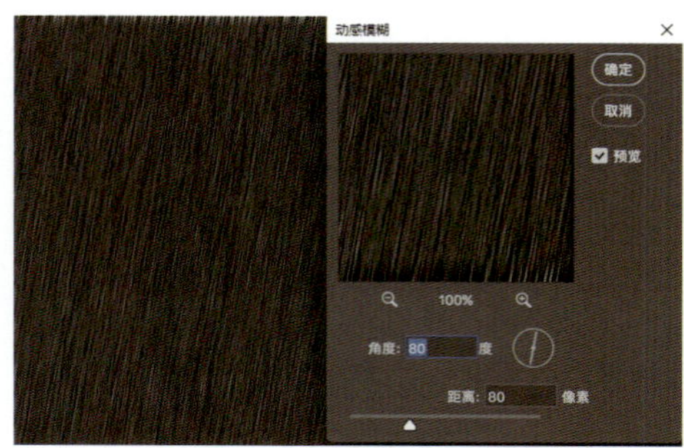

图5–3–15

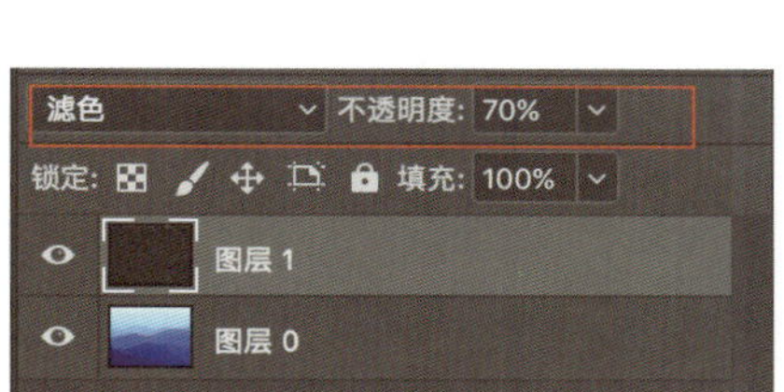

图5-3-16

图5-3-17

⑤ 点击“动作”面板中的“停止播放/记录”按钮，如图5-3-18所示。完成动作的录制，如图5-3-19所示。

⑥ 打开需要制作下雨效果的新素材，如图5-3-20所示。单击“动作”面板上的“播放选定的动作”按钮，如图5-3-21所示。下雨效果被瞬间制作出来，如图5-3-22所示。

图5-3-18　图5-3-19　图5-2-20　图5-3-22　图5-3-21

注意：

第一，录制动作前先创建一个动作组，以便将动作保存在该组中；否则，录制的动作会保存在当前选择的动作组中。

第二，在Photoshop中，使用选框、移动、多边形、套索、魔棒、裁剪、切片、魔术橡皮擦、渐变、油漆桶、文字、形状、注释、吸管和颜色取样器等工具进行的操作均可录制为动作。但是，像绘画、视图放大、缩小等操作不能被记录。

第三，按照顺序播放全部动作：选择一个动作，单击“播放选定的动作”按钮，可以按照顺序播放该动作中的所有命令。

第四，从指定的命令开始播放操作：在动作中选择一个命令，单击“播放选定的动作”按钮，可以播放该命令以及后面的命令，它之前的命令不会播放。

第五，播放部分命令：在动作前面的按钮单击隐藏图标，这些命令便不能被播放。如图5-3-23所示，隐藏了“动感模糊”命令，播放该动作后的效果如图5-3-24所示。

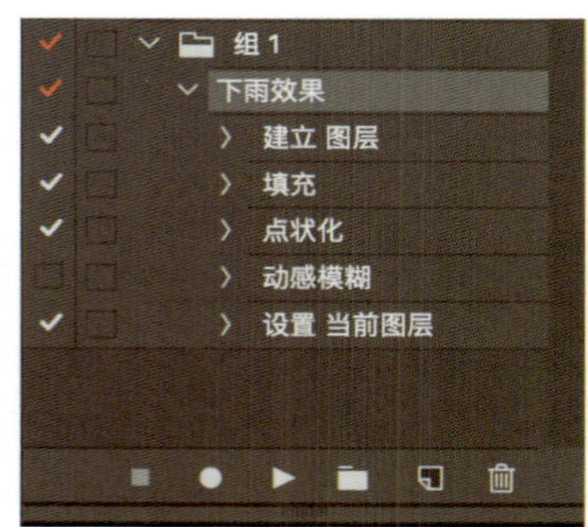

图5-3-23

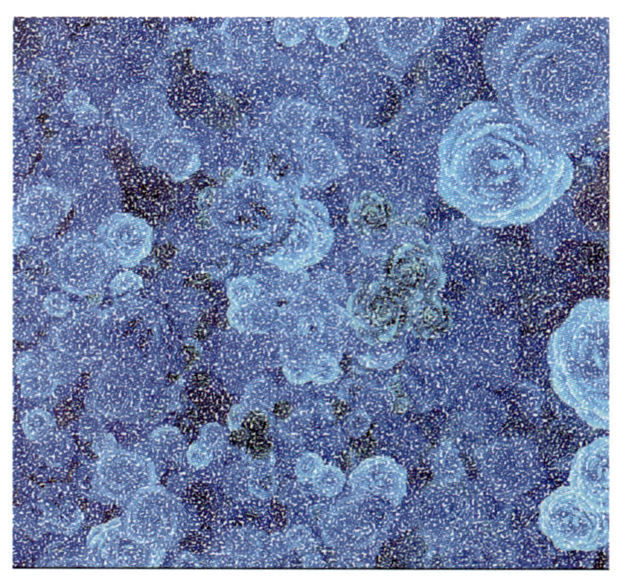

图5-3-24

第 6 章　综合案例

6.1 相机图标制作

（1）设计要求。

主要运用“形状工具”及添加图层样式等来完成相机图标的制作，效果如图6–1–1所示。

图6–1–1

（2）制作步骤。

① 首先新建画布：宽度为800像素、高度为600像素，命名为“相机”，填充背景色为“#cbcbcb”。

② 使用“圆角矩形工具”，绘制一个宽度为280像素、高度为280像素、圆角半径为50像素的图层，并为它添加“图层样式”：“斜面和浮雕”“描边”“渐变叠加”，参数设置如图6–1–2至图6–1–4所示，效果如图6–1–5所示。

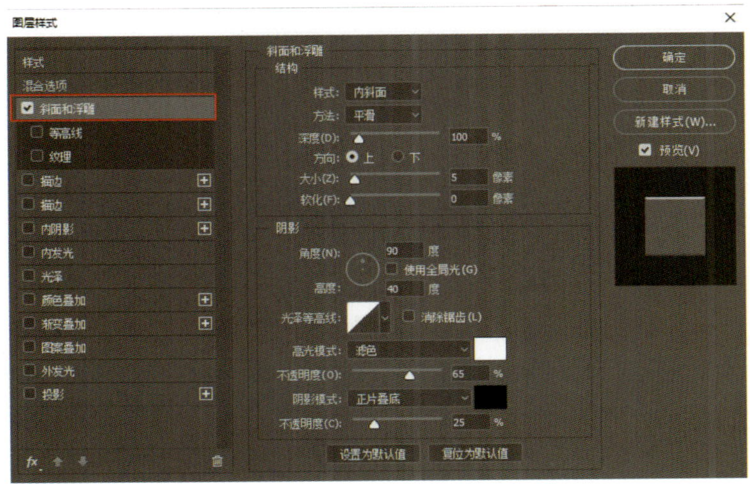

图6–1–2

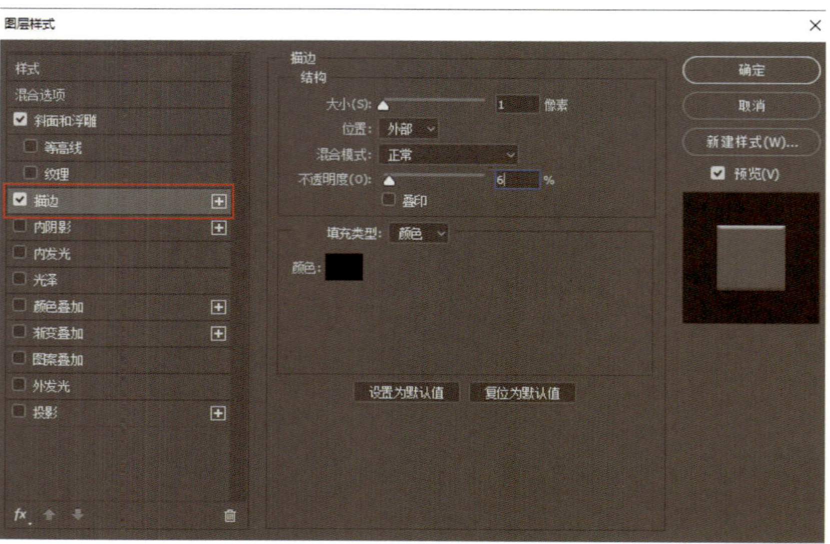

图6-1-3

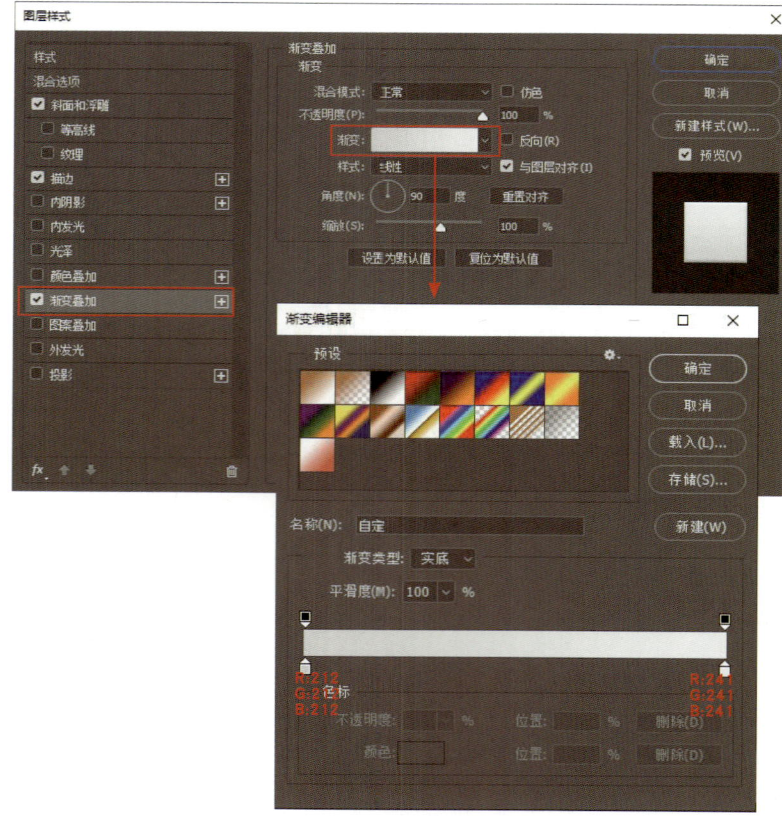

图6-1-4

图6-1-5

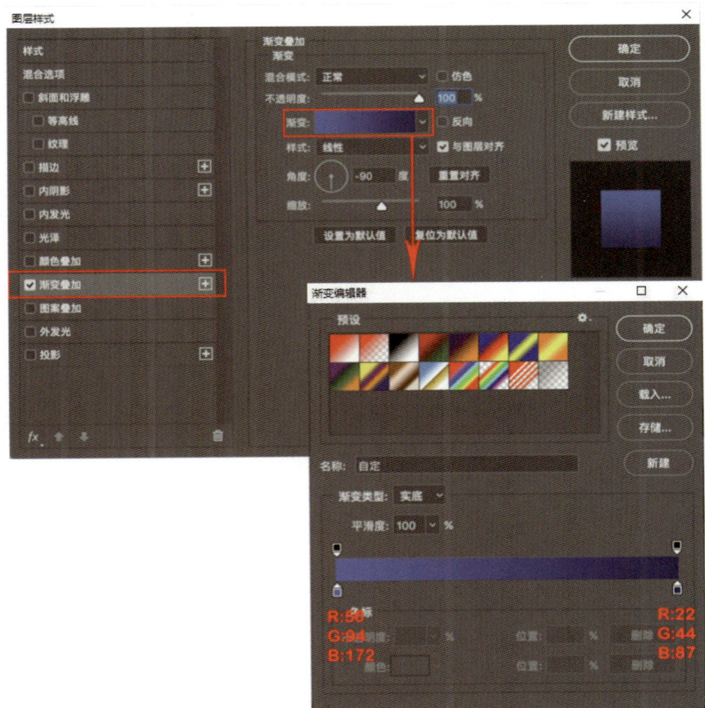

图6–1–7

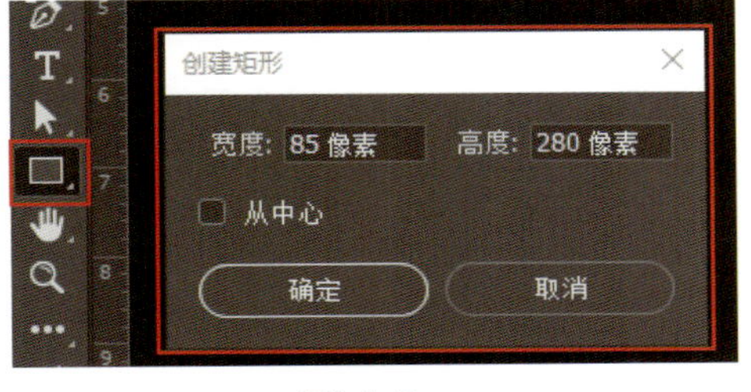

图6–1–6

③ 新建宽度为85像素、高度为280像素的矩形，添加“图层样式”：“渐变叠加”，参数设置如图6–1–6、图6–1–7所示。

④ 画镜头。使用“椭圆工具”，绘制一个宽度为170像素、高度为170像素的圆，并为它添加“图层样式”：“渐变叠加”和“投影”，参数设置如图6–1–8、图6–1–9所示，效果如图6–1–10所示。

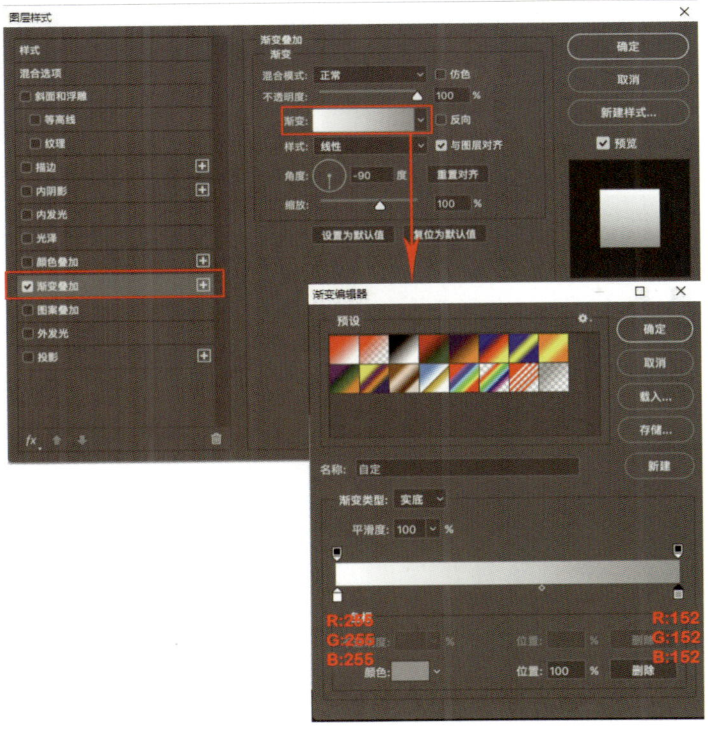

图6–1–8

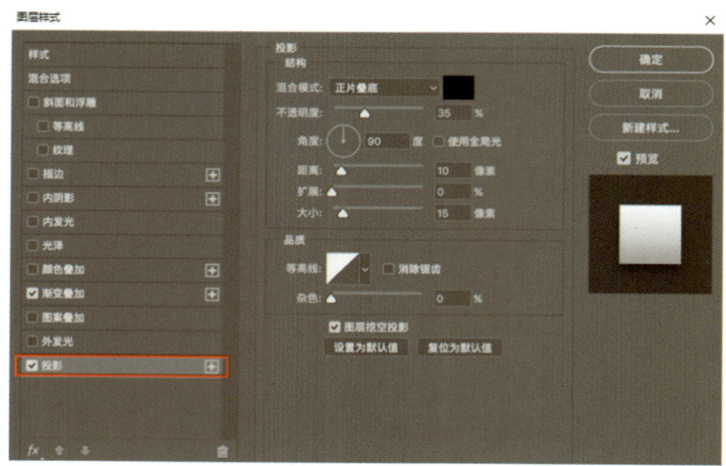

图6-1-9

图6-1-10

⑤ 继续使用“椭圆工具”，绘制一个宽度为150像素、高度为150像素的圆形，并为它添加“图层样式”：“渐变叠加”，参数设置如图6-1-11所示，效果如图6-1-12所示。

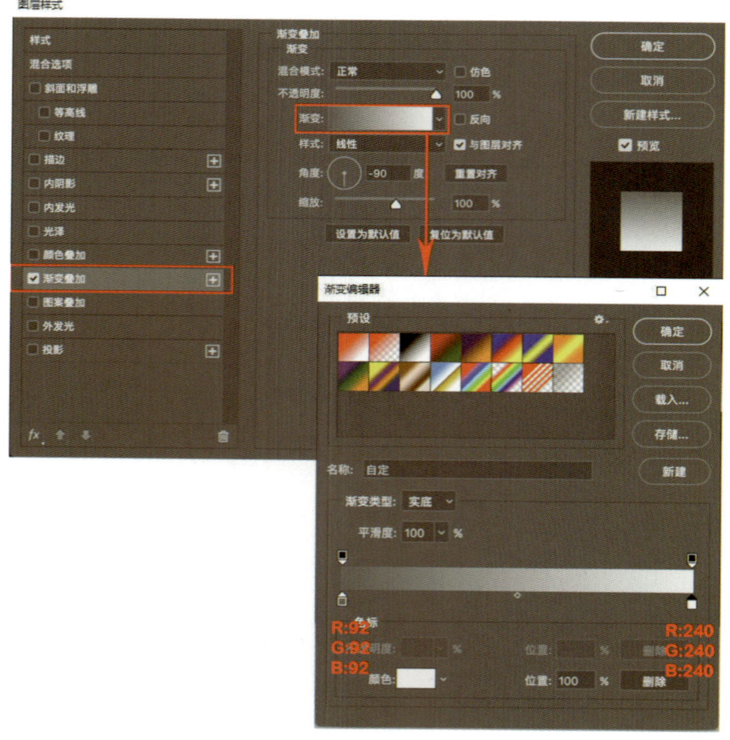

图6-1-11

图6-1-12

⑥ 继续使用“椭圆工具”，绘制一个宽度为135像素、高度为135像素的圆形，并为它添加“图层样式”：“颜色叠加”“内阴影”，参数设置如图6-1-13、图6-1-14所示，效果如图6-1-15所示。

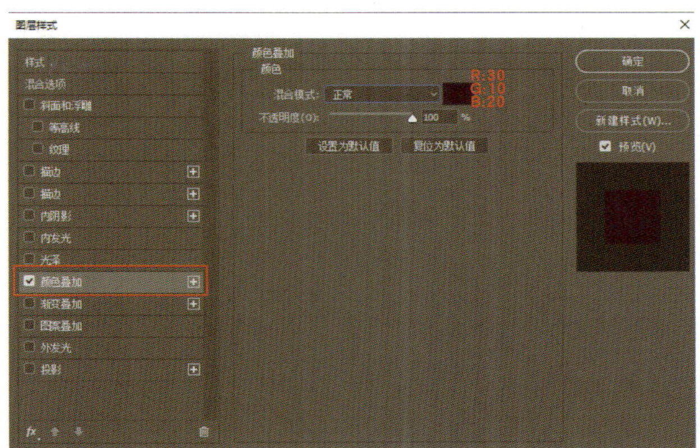

图6–1–13

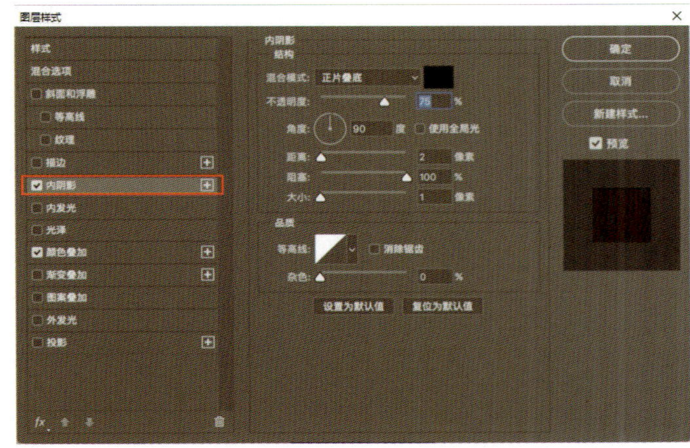

图6–1–14

图6–1–15

⑦ 继续使用“椭圆工具”，绘制一个宽度为115像素、高度为115像素的圆形，并为它添加“图层样式”：“描边”“内阴影”“渐变叠加”“外发光”，参数设置如图6–1–16至图6–1–19所示，效果如图6–1–20所示。

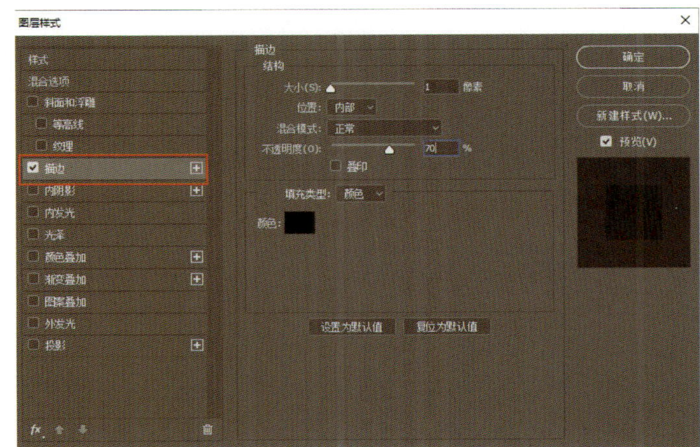

图6–1–16

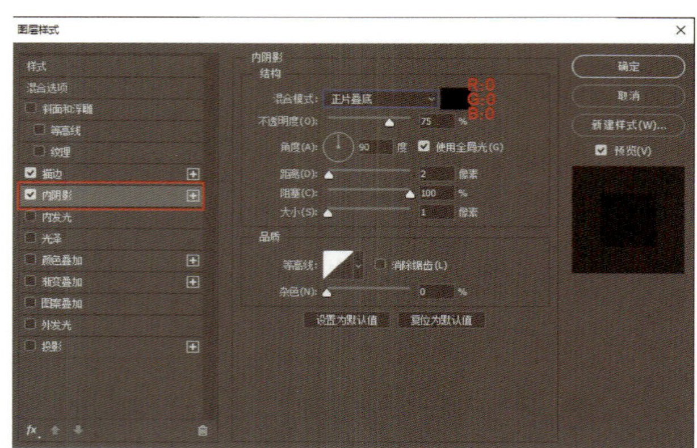
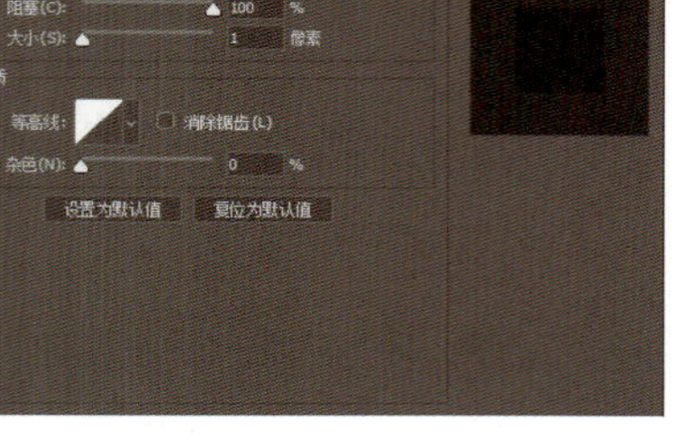

图6-1-17

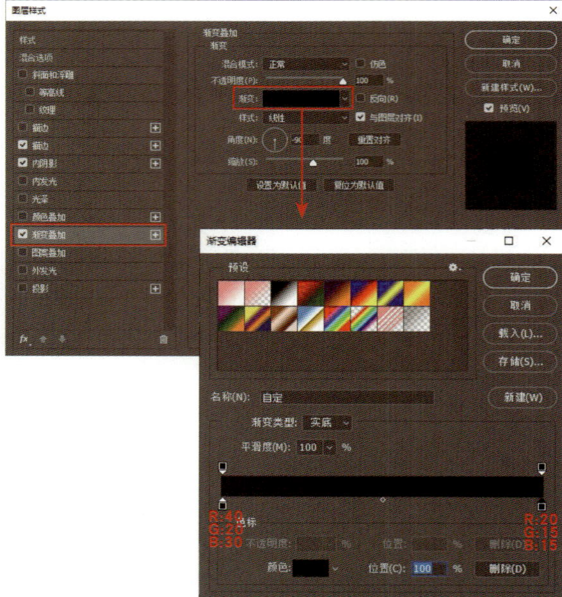

图6-1-18

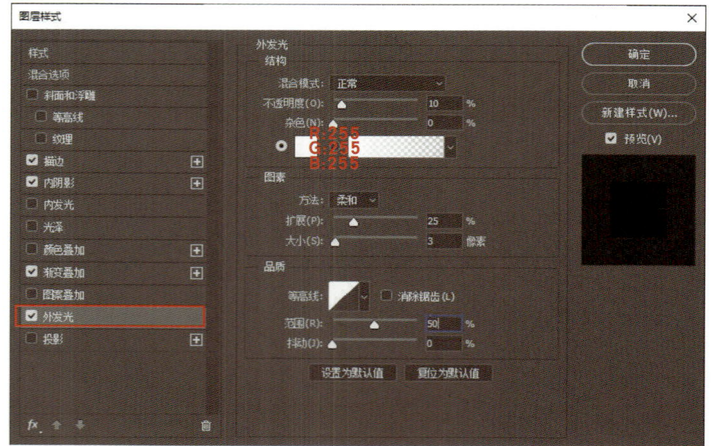
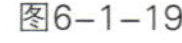

图6-1-19

图6-1-20

⑧ 继续使用“椭圆工具”，绘制一个宽度为70像素、高度为70像素的圆形，并为它添加“图层样式”：“渐变叠加”，参数设置如图6-1-21所示，效果如图6-1-22所示。

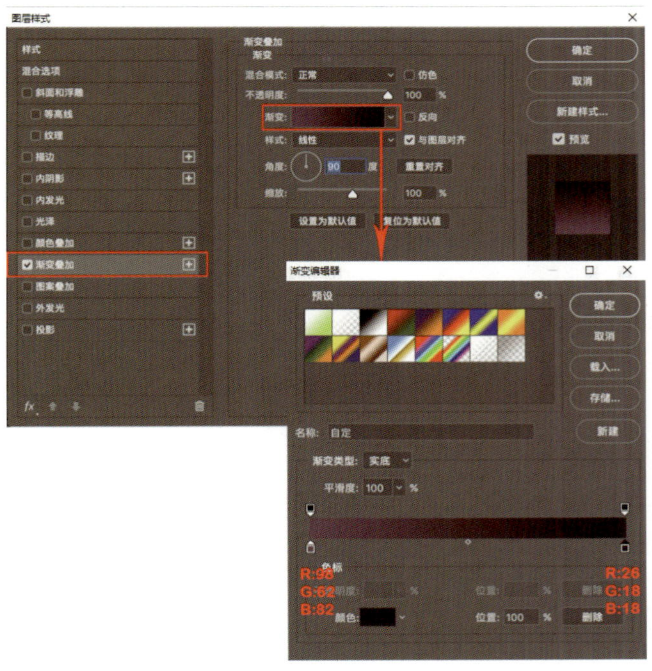

图6-1-21

图6-1-22

⑨ 继续使用“椭圆工具”，绘制一个宽度为65像素、高度为65像素的圆形，把圆形颜色改为黑色，如图6-1-23所示。并为它添加“图层样式”：“描边”“渐变叠加”，参数设置如图6-1-24、图6-1-25所示，效果如图6-1-26所示。

图6-1-23

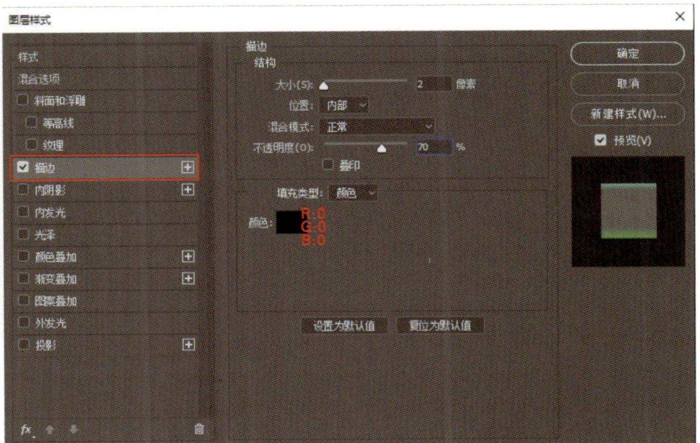

图6-1-24

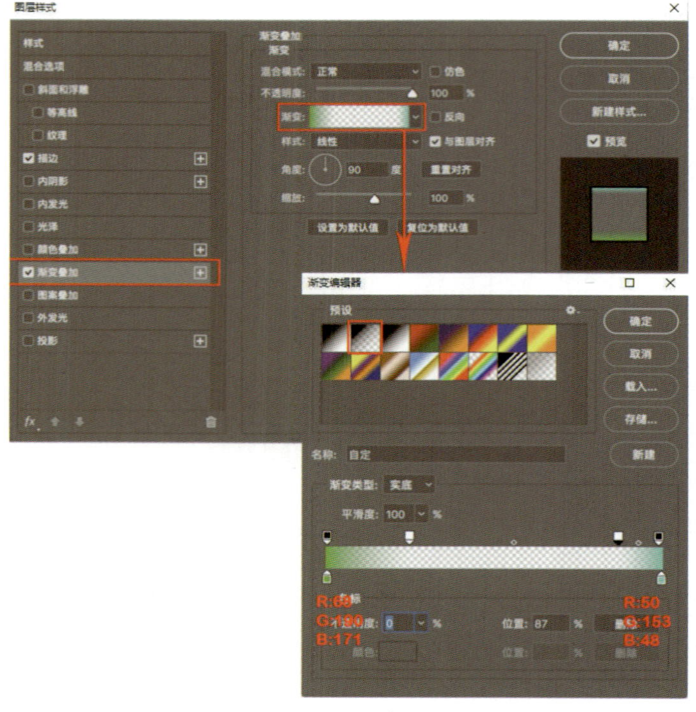

图6-1-25

图6-1-26

⑩ 用“椭圆工具”绘制最后一个宽度为28像素、高度为28像素的圆，并为它添加“图层样式”：“内阴影”，参数设置如图6-1-27所示，效果如图6-1-28所示。

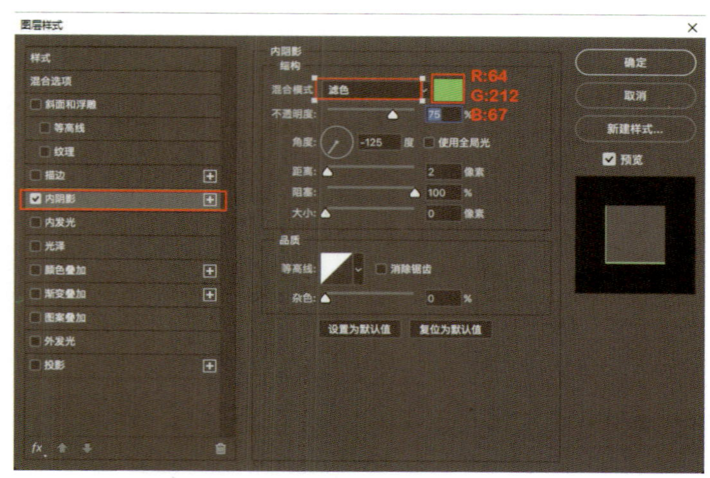

图6-1-27

图6-1-28

⑪ 绘制镜头上面的高光：使用“椭圆工具”，绘制2个白色的圆，调节大小，效果如图6–1–29所示。

⑫ 将镜头所有图层整理成组（选择组成镜头的所有图层，创建新组，将组命名为“镜头”），如图6–1–30所示。并复制于图标右上角（点击右键，选择“复制组”），如图6–1–31所示。保持选中状态，调整大小，效果如图6–1–32所示。

⑬ 现在为镜头添加反光效果。首先用“椭圆工具”绘制两个宽度为115像素、高度为115像素的正圆，如图6–1–33所示。在“属性”面板中，找到“路径操作”，选择第三个选项“交叉形状区域”，

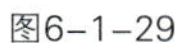

图6–1–29

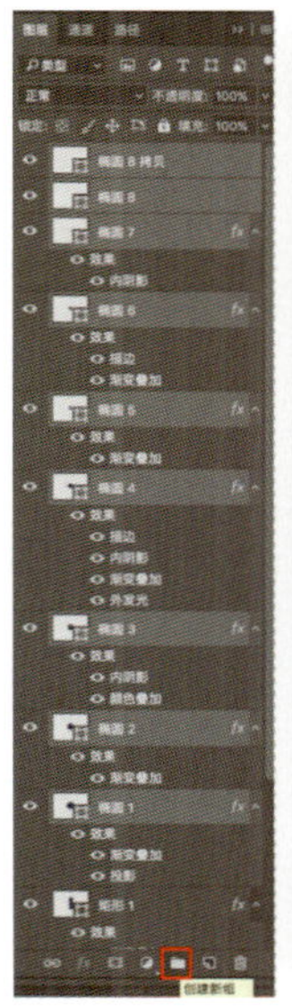

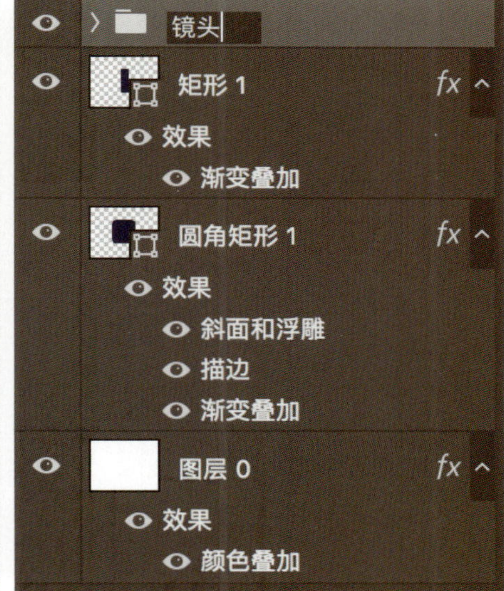

图6–1–30

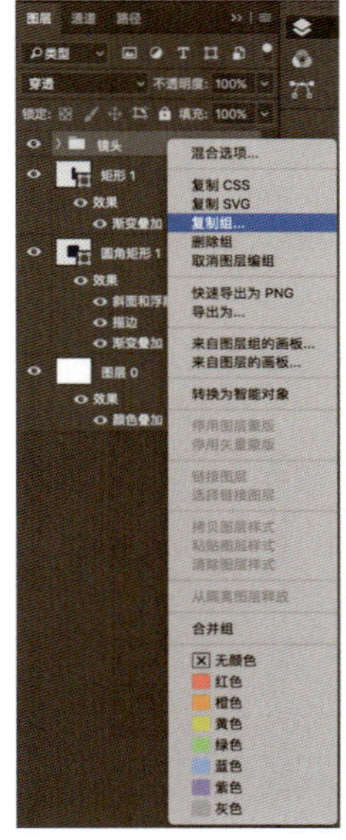

图6–1–31

图6–1–32

图6–1–33

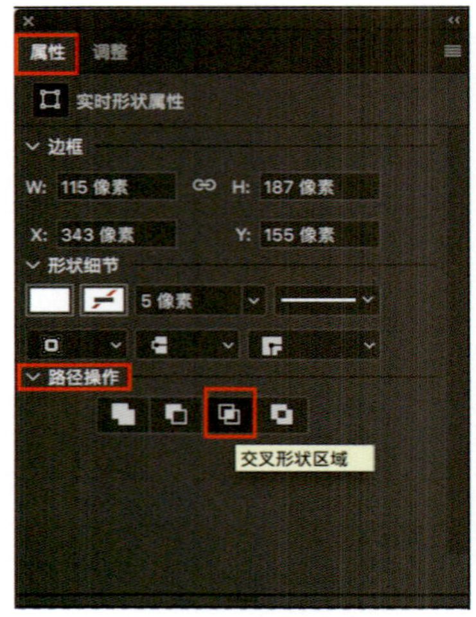

图6-1-34

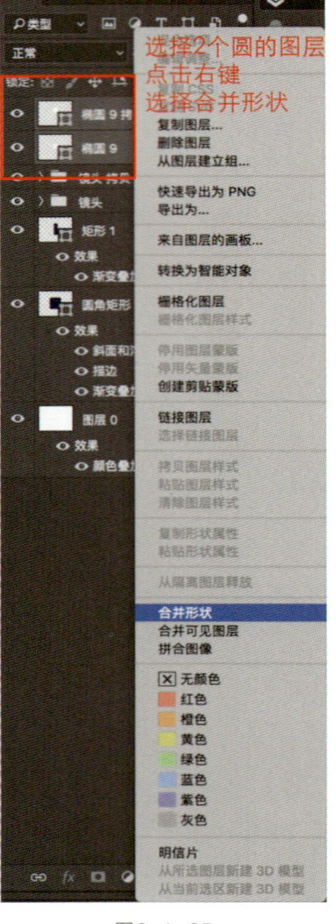

图6-1-35

如图6-1-34所示。接着在图层面板中同时选择这两个椭圆的图层，右键执行“合并形状”，这时候画面中就只留下两个椭圆交叉的部分了，如图6-1-35、图6-1-36所示。

高光部分的绘制是对形状进行了布尔运算，通过布尔运算，留取两个椭圆交叉重合部分的形状。

图6-1-36

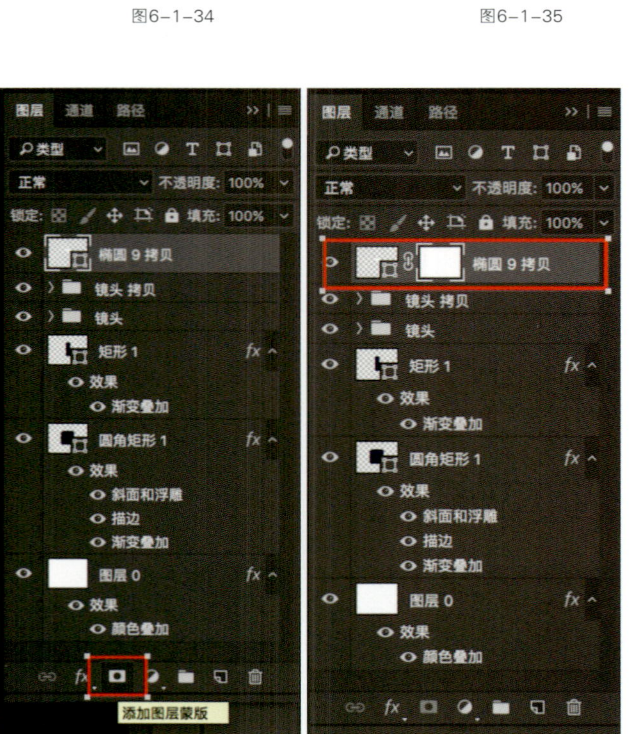

图6-1-37

⑭ 擦除反光下方的部分，改变不透明度，让反光看起来自然。给反光的图层“添加图层蒙版”，如图6-1-37所示。选择“画笔工具”，颜色为黑色，如图6-1-38所示。用黑色的画笔在反光的下方点击（蒙版图层上，黑色是隐藏，白色是显示），如图6-1-39所示。调整反光图层的不透明度，使其变得自然，如图6-1-40所示，效果如图6-1-41所示。

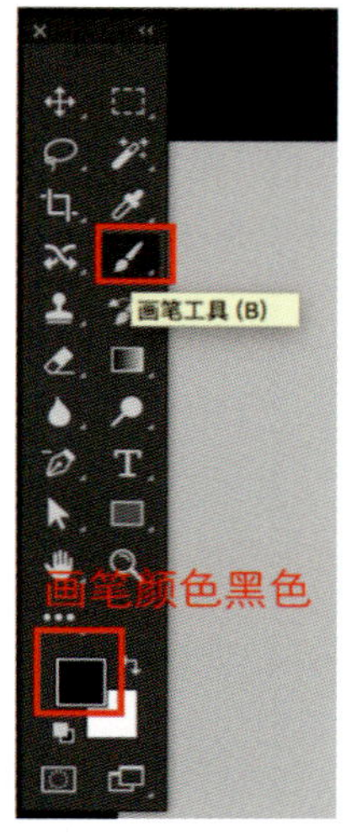

图6-1-38

图6-1-39

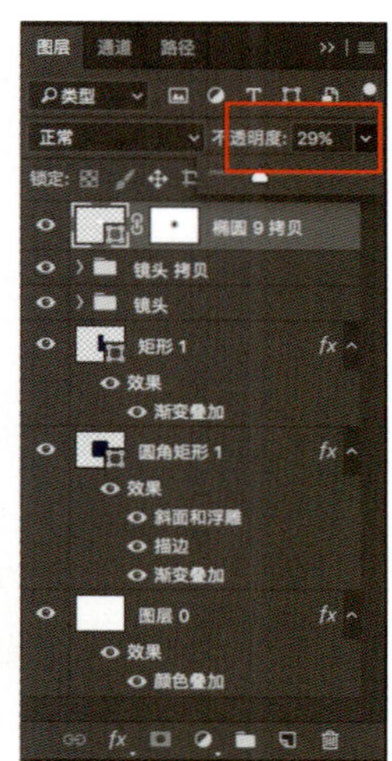

图6-1-40

图6-1-41

图6-1-42

⑮ 用“椭圆工具”画出相机上方的白色反光和下方的阴影，用“高斯模糊”将其处理自然。先用“椭圆工具”画出白色反光的形状，并调整其大小，如图6-1-42所示。

⑯ 选择“滤镜—模糊—高斯模糊”，此时要将椭圆的形状转换为智能对象。调整“高斯模糊”的数值，观看预览图，直到反光变得自然，如图6-1-43所示。

图6-1-43

⑰ 用同样方法画阴影，并调整图层顺序，使阴影图层放置于相机图层的下方，并使用“高斯模糊”进行投影处理，如图6–1–44、图6–1–45所示。

图6–1–44

图6–1–45

⑱ 保存为JPG格式，效果如图6–1–1所示。

6.2 波点人像海报制作

（1）设计要求。

主要运用滤镜及添加图层样式等来制作波点人像海报，效果如图6–2–1所示。

图6–2–1

（2）制作步骤。

① 打开人像素材并适当裁剪，如图6–2–2所示。按“回车键”裁剪完成。

② 执行“图像—调整—去色”，对图片进行去色处理。执行“图像—调整—曲线”，如图6–2–3所示，让图像更加黑白分明。

调整曲线的方法：调整曲线上方的任意两点让亮的地方更亮，暗的地方更加暗一些。

图6-2-2

图6-2-3

③ 新建一个大小1000像素×1000像素的文档，在新建文档中创建一个新的图层，填充白色背景色（更改背景色为白色，填充背景色快捷键“Ctrl+Delete”）。

④ 执行“滤镜—滤镜库”，选择“素描”中的“半调图案”，参数设置如图6-2-4所示。

⑤ 执行“滤镜—扭曲—波浪”，参数设置如图6-2-5所示。

⑥ 把该波浪纹图层移动到人像素材的文档中，置于顶层，调整其大小和位置，如图6-2-6所示。

⑦ 将该波浪纹图层的混合模式改为“滤色”，如图6-2-7所示。

⑧ 复制人像图层（图层0）和波浪纹图层（图层1），置于顶层，并将“图层1 拷贝”的波浪纹旋转90°，让其变成竖纹，如图6-2-8所示。

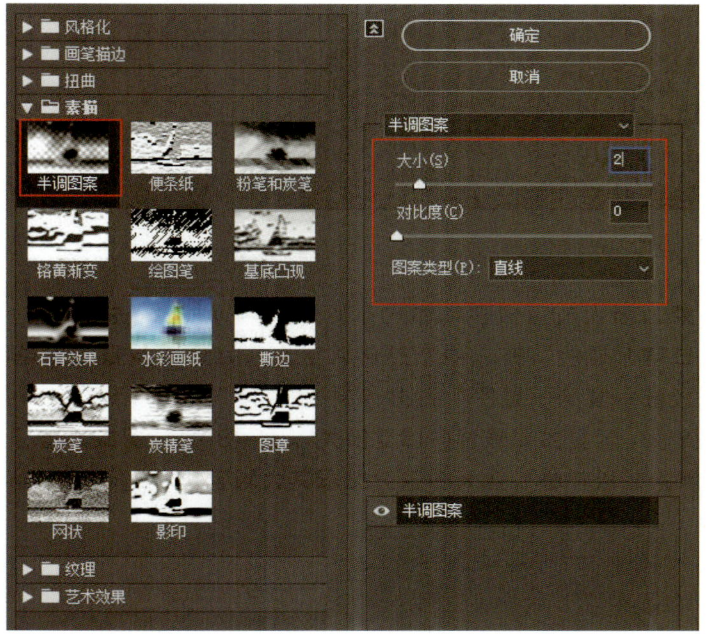

图6-2-4

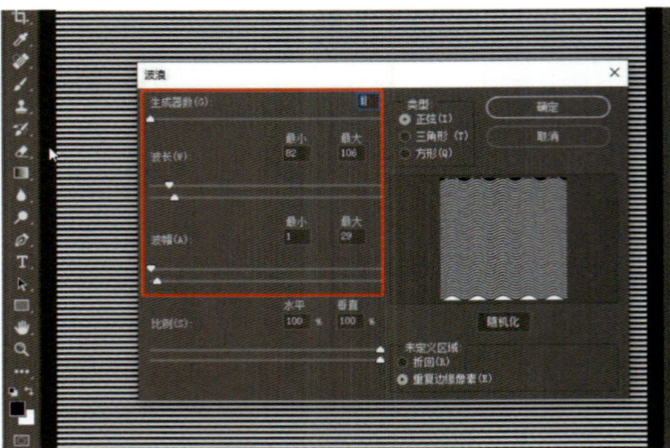

图6-2-5

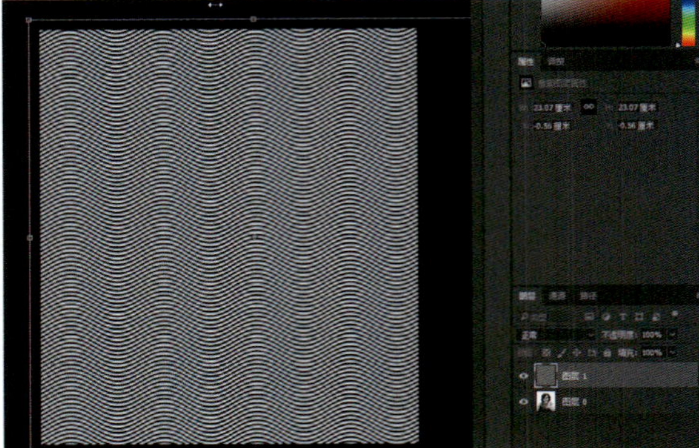

图6-2-6

图6-2-7

图6-2-8

⑨ 对复制出来的波浪纹“图层1 拷贝”和人像图层“图层0 拷贝”以及原来的波浪纹“图层1”和人像图层“图层0”分别执行“合并图层”，如图6–2–9、图6–2–10所示。

图6–2–9

图6–2–10

⑩ 合并之后的图层是“图层1 拷贝”和“图层1”，这时将上方的“图层1 拷贝”的“混合模式”改为“正片叠底”，如图6–2–11所示。

⑪ 给“图层1 拷贝”和“图层1”这两个图层分别添加“色阶调整图层”，如图6–2–12所示，参数设置如图6–2–13、图6–2–14所示。记得给添加的调整图层“创建剪贴蒙版”，使得创建的调整图层只对下方的一个图层起作用。

⑫ 给最上方的图层添加“渐变映射”，如图6–2–15所示，参数设置如图6–2–16、图6–2–17所示。

⑬ 最终效果如图6–2–1所示。

图6–2–11

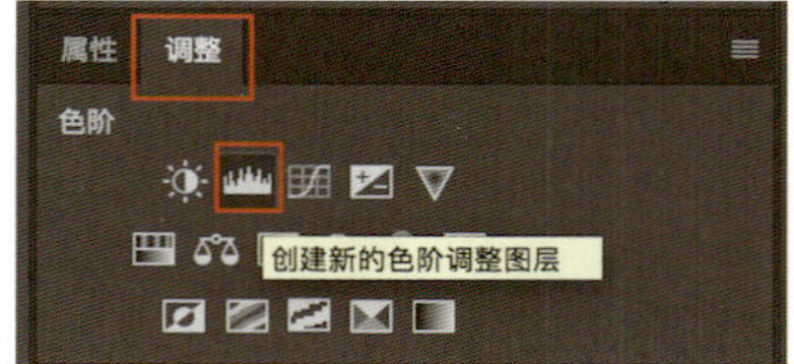

图6–2–12

图6–2–13

图6–2–14

图6-2-15

图6-2-16

图6-2-17

6.3 设计艺术节海报制作

（1）设计要求。

主要运用“矩形工具”“椭圆工具”等绘制图形，为图层添加图层样式，为图片创建剪贴蒙版等来完成艺术节海报的制作，效果如图6-3-1所示。

图6-3-1

（2）制作步骤。

① 新建文档，宽度为800像素，高度为600像素。新建图层，快捷键“Alt+Delete”为图层填充前景色，在“图层”面板左键双击该图层，调出“图层样式”面板，为该图层添加“颜色叠加”图层样式，颜色数值是“#2b0435”，如图6-3-2所示。

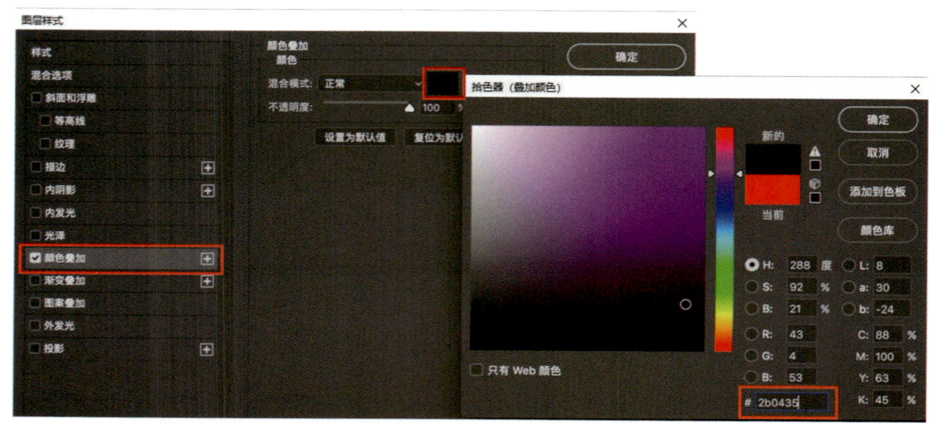

图6-3-2

② 创建海报背景。使用矩形工具，新建一个矩形：宽度为300像素，高度为430像素（矩形有填充，无描边，此项内容可在“属性”面板中进行修改，如图6-3-3、图6-3-4所示）。为该矩形添加“图层样式”：“颜色叠加”“投影”，参数设置如图6-3-5、图6-3-6所示，将该图层命名为“海报背景”。

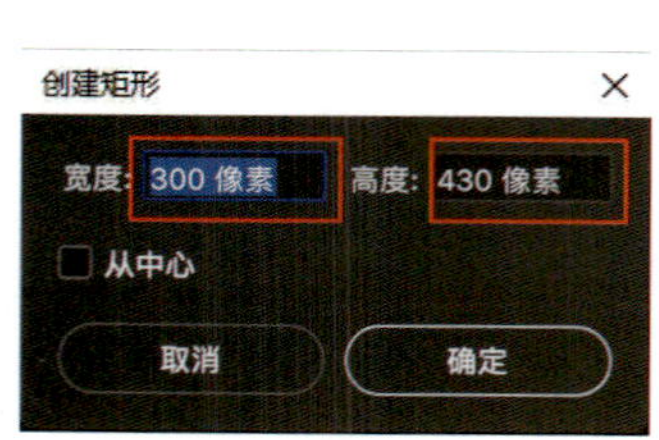

图6-3-3

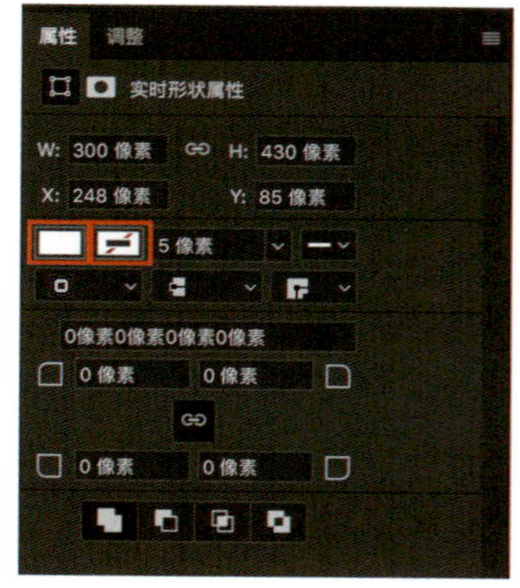

图6-3-4

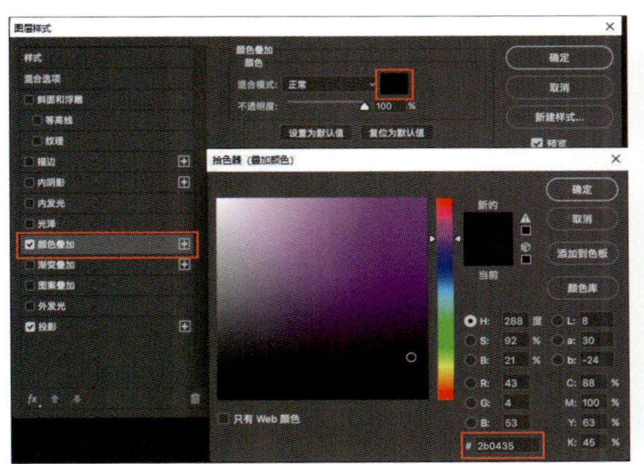

图6-3-5

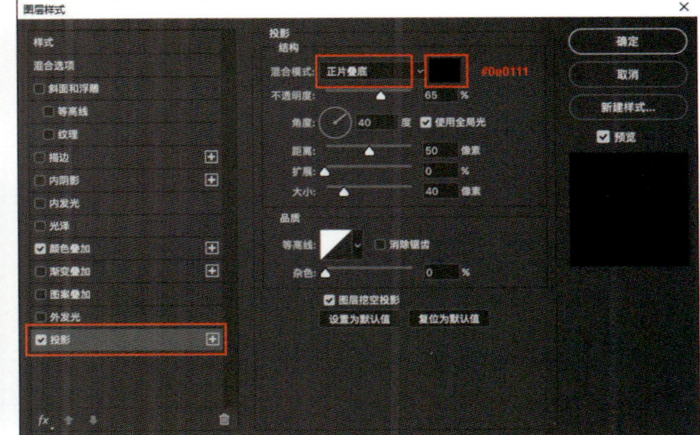

图6-3-6

③ 将棕榈树的图片素材拖进画布中，修改图层名称为“棕榈树”，为该图片添加调整图层——黑白调整图层。

添加调整图层的方法：选择需要调整的图层，点选“调整”面板中的“创建新的黑白调整图层”，如图6-3-7所示。在新建的“黑白调整图层”中单击鼠标右键，选择“创建剪贴蒙版”，如图6-3-8、图6-3-9所示。

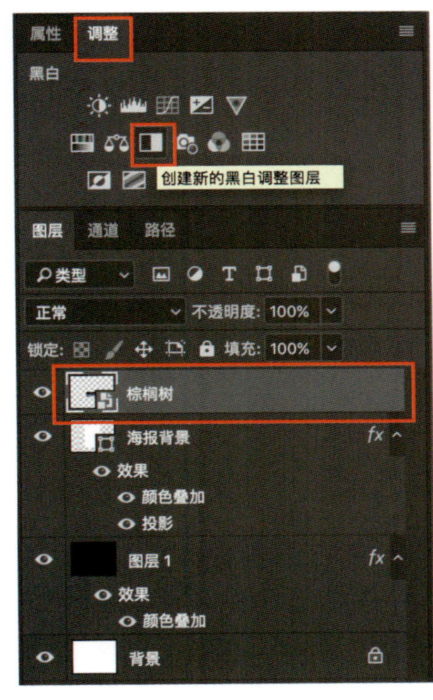

图6-3-7

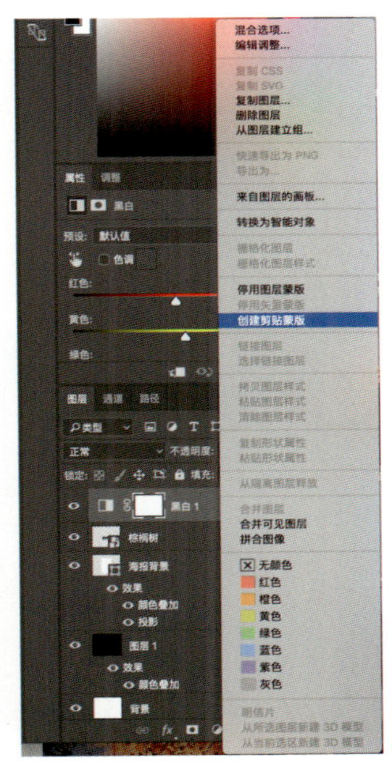

图6-3-8

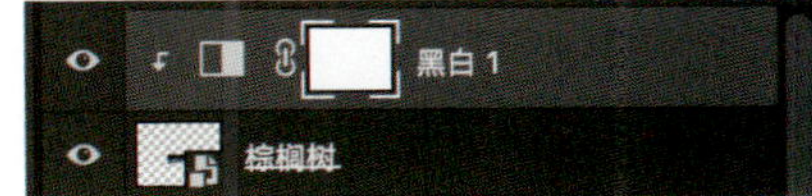

图6-3-9

将“棕榈树”图层调整到合适的大小，并放置于适当的位置，可以设置参考线作为辅助（“视图—标尺”，在显示标尺之后从标尺处拖拽出参考线，可通过“视图—显示—参考线”进行参考线的显示与隐藏），效果如图6-3-10所示。

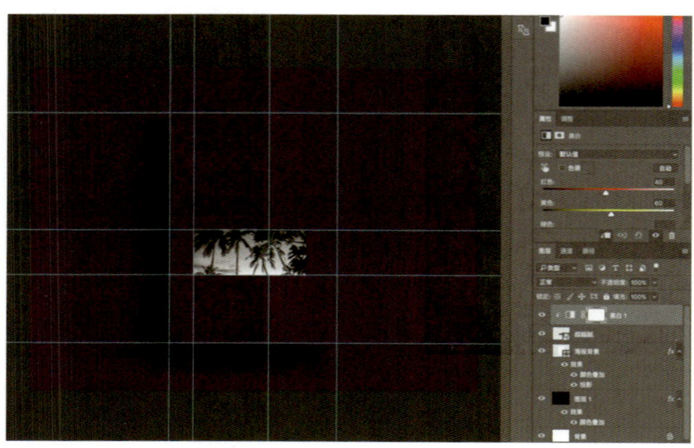

图6-3-10

④ 创建右侧单独一棵棕榈树的图层。首先将棕榈树图层和上方的调整图层建立组，为组命名为“棕榈树 左侧”，如图6-3-11所示。复制该组，更改组名为“棕榈树 右侧”，如图6-3-12所示。然后对复制的“棕榈树 右侧”图层进行更改，使其只显示一棵棕榈树（可以用裁剪的方法，也可以用剪贴蒙版的方法。剪贴蒙版的方法是：将组“棕榈树 右侧”转换为智能对象，如图6-3-13所示，然后用“矩形工具”画一个盖住第一棵棕榈树的长方形，如图6-3-14所示，将该图层放置于“棕榈树 右侧”智能对象图层的下方，鼠标右键单击“棕榈树 右侧”智能对象图层，选择“创建剪贴蒙版”，如图6-3-15所示），将最终显示出的单棵棕榈树的图层放置于画面右侧合适位置，将它们统一进行编组，命名为“图片层”，如图6-3-16所示。

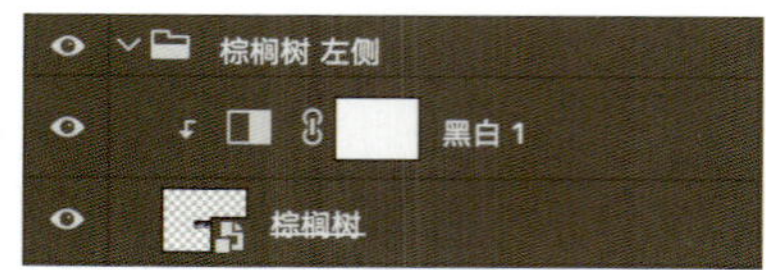

图6-3-11

图6-3-12

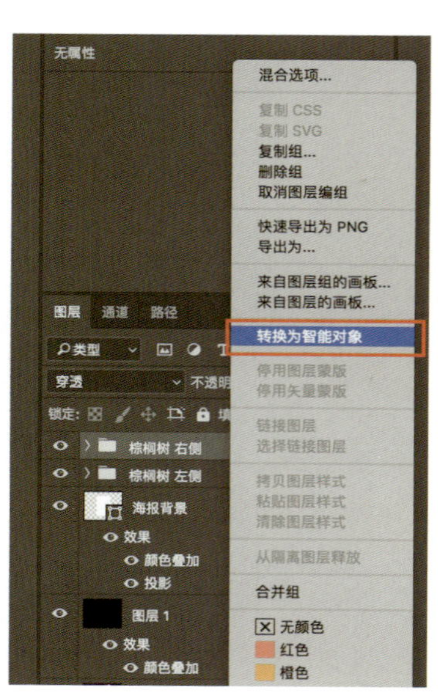

图6-3-13

图6-3-14

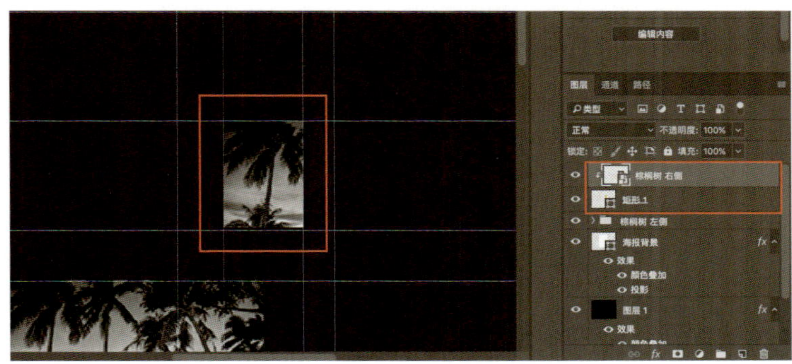

图6-3-16

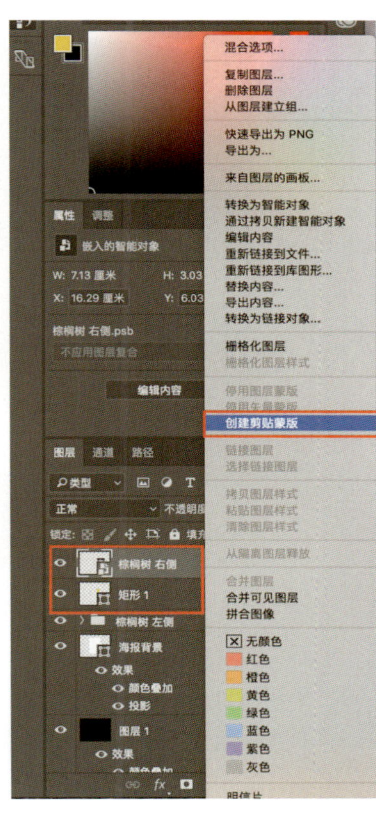

图6-3-15

⑤ 下面我们来制作海报中的渐变条。选择“矩形工具”，新建矩形，尺寸设置为宽度13像素、高度89像素，打开“视图—显示—网格”工具，以方便调整矩形位置，如图6-3-17所示。选择该图层，在“属性”面板中为矩形添加渐变，色值如图6-3-18所示。根据矩形位置为图层重命名为“左1”，如图6-3-19所示。

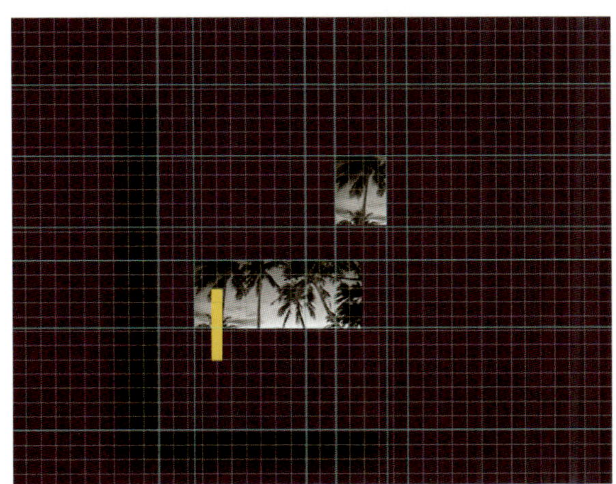

图6-3-17

图6-3-18

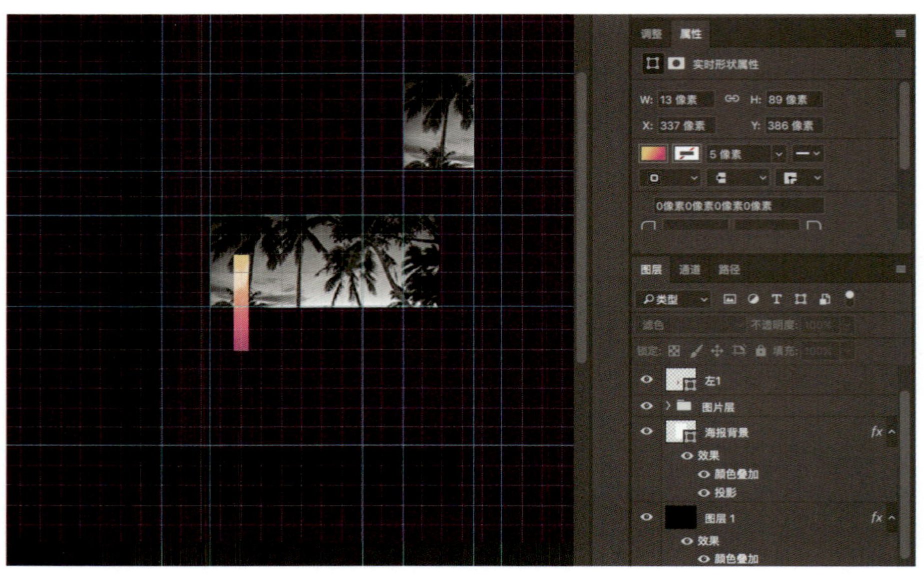

图6-3-19

⑥ 将矩形复制一层，将其命名为“左2”，注意放置的位置和比例关系，之后将这两个矩形的图层混合模式修改为“滤色”，如图6-3-20所示。

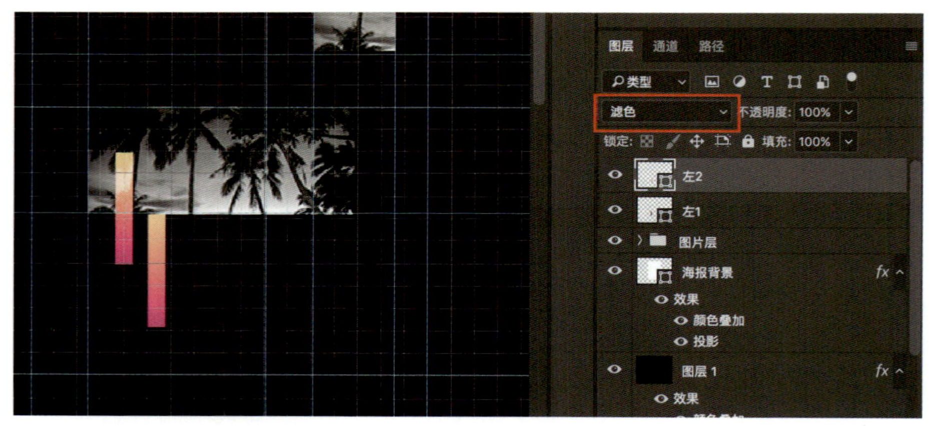

图6-3-20

⑦ 用同样的方法新建其他几个矩形，具体的尺寸参数如图6-3-21所示，将部分矩形图层的模式改为“滤色”。将这些矩形条图层编组，命名为“渐变条”，如图6-3-22所示。

注意：右上角两条横过来的矩形条，要改变渐变的方向，将线性角度分别改为0°和180°，如图6-3-23所示。

⑧ 下面来制作画面中的渐变圆形。选择“椭圆工具”，新建一个宽度177像素、高度177像素的圆形，命名为“椭圆1”，并调整其位置，如图6-3-24所示。

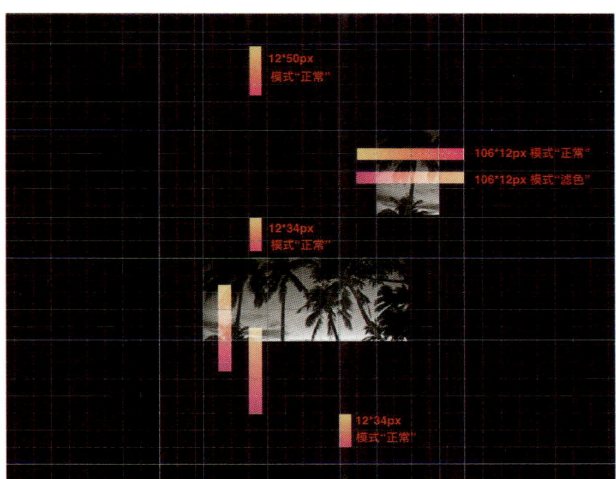

图6-3-21

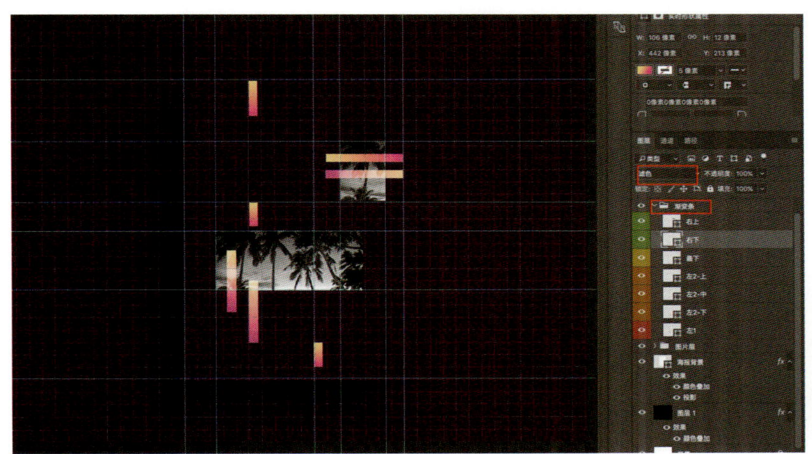

图6-3-22

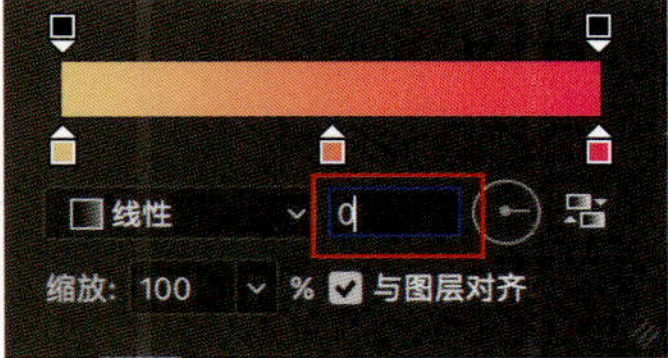

图6-3-23

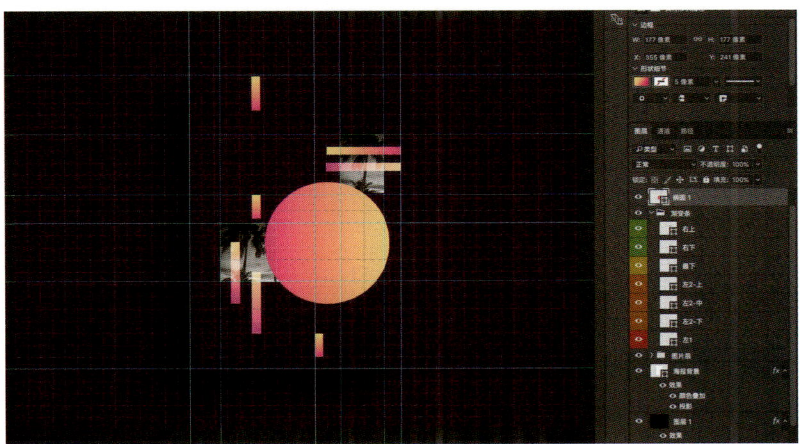

图6-3-24

⑨ 将“沙漠”素材图片拖进画布，置于“椭圆1”图层之上，建立“剪贴蒙版”，如图6-3-25、图6-3-26所示。对沙漠图片进行黑白处理，在这里我们通过更简单的方式，选择沙漠图层，在菜单中选择“图像—调整—黑白”，参数设置如图6-3-27所示。再对沙漠图片调整色阶处理，在菜单中选择“图像—调整—色阶”，参数设置如图6-3-28所示。最后改变“椭圆1”图层“线性渐变”的角度和渐变的颜色，参数设置如图6-3-29所示。

图6-3-25

图6-3-26

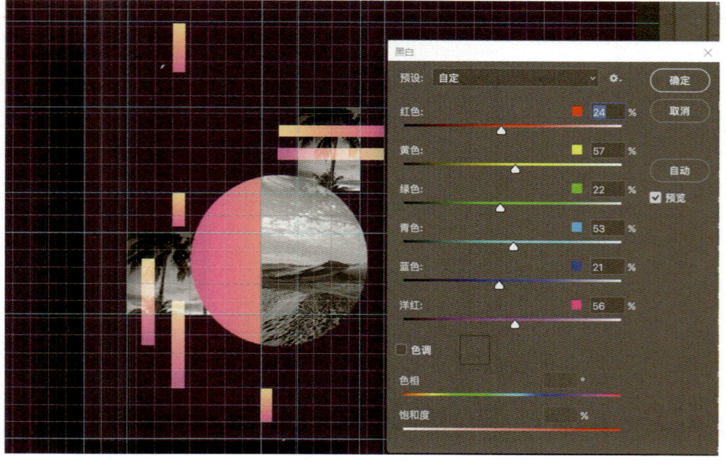

图6-3-27

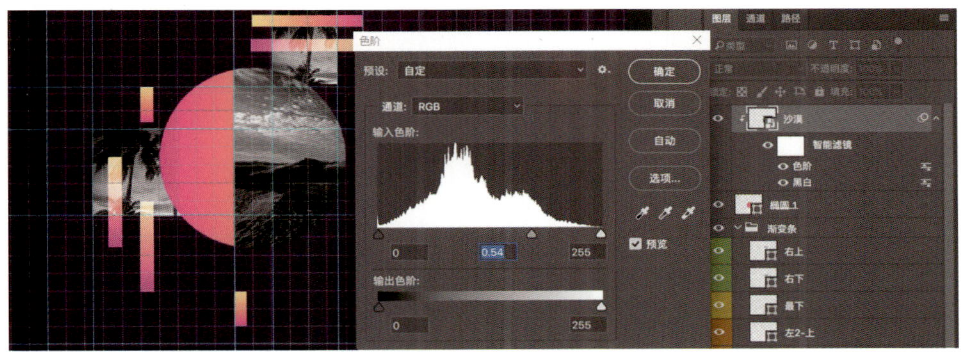

图6-3-28

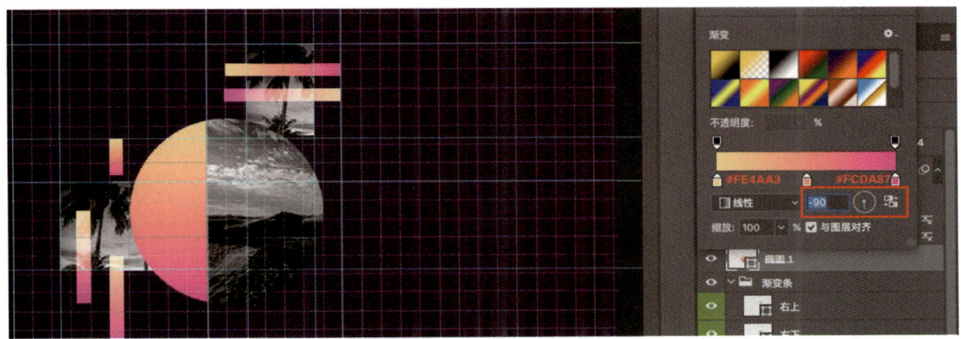

图6-3-29

⑩ 为大圆的整体覆盖一层渐变色。新建一个矩形，名称为“矩形2”，按住“Ctrl”键（如果是Mac系统的Photoshop，则是Command键）的同时单击“椭圆1”图层的缩览图创建选区，如图6-3-30所示。然后，选择“矩形2”图层，点击“图层”面板下方的“添加图层蒙版”，如图6-3-31、图6-3-32所示。给图层“矩形2”添加渐变色，参数设置如图6-3-33所示。

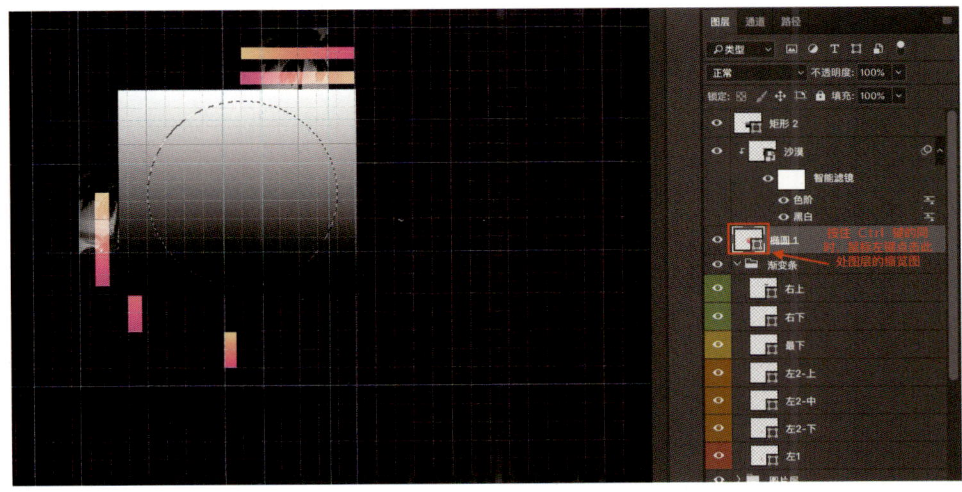

图6-3-30

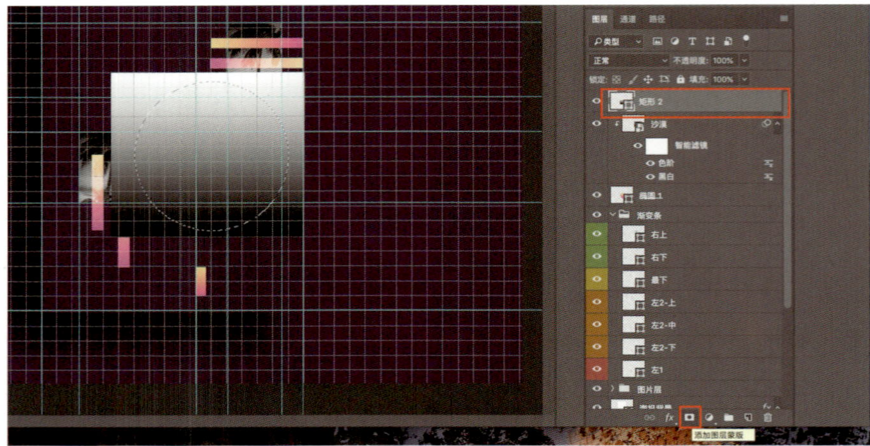

图6-3-31

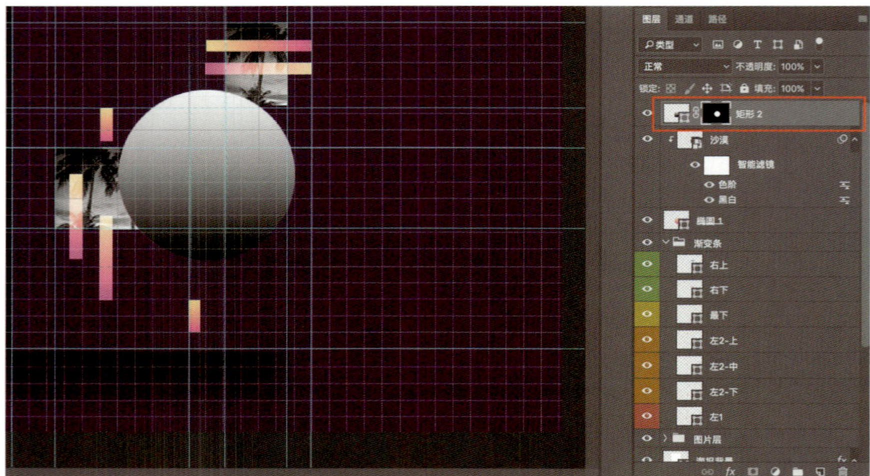

图6-3-32

图6-3-33

将图层“矩形2”的不透明度调整为50%，使其若隐若现出下方的图片，效果如图6-3-34所示。

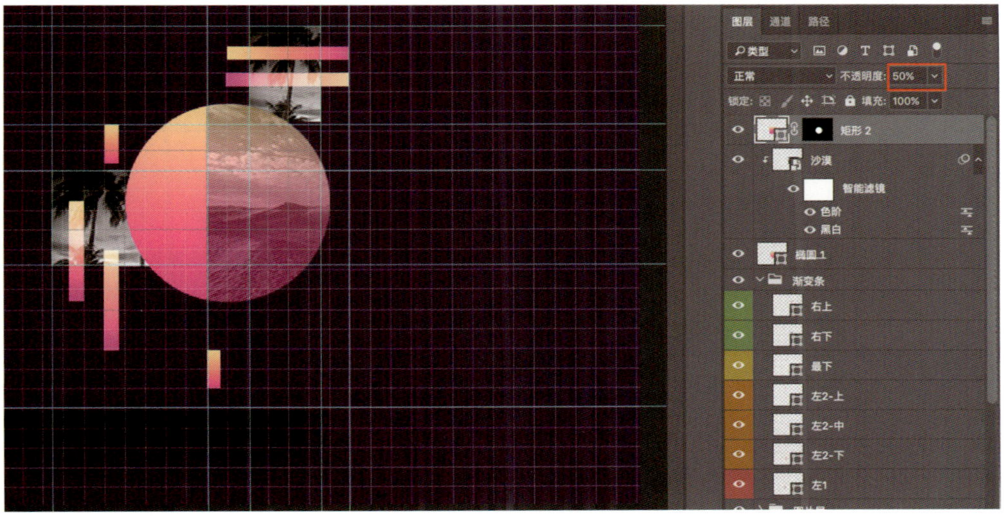

图6-3-34

⑪ 为大圆的整体覆盖一层叠加色。复制“矩形2”，删除渐变色标中的一个色标，图层模式改为“叠加”，之后将“不透明度”调整到“100%”，如图6-3-35所示。

图6-3-35

⑫ 把“矩形2”图层命名为“渐变层”，把“矩形2 拷贝”图层命名为“叠加层”，将与渐变椭圆相关的图层编组，命名为“渐变大圆”，如图6-3-36所示。

⑬ 为画面添加四个装饰圆，其中大圆的尺寸为宽度35像素、高度35像素，三个小圆的尺寸为宽度15像素、高度15像素，填充色为“#ffffff”。之后给小圆添加“投影”效果，参数设置如图6-3-37所示。将这几个图层编组，并命名为“装饰圆”。

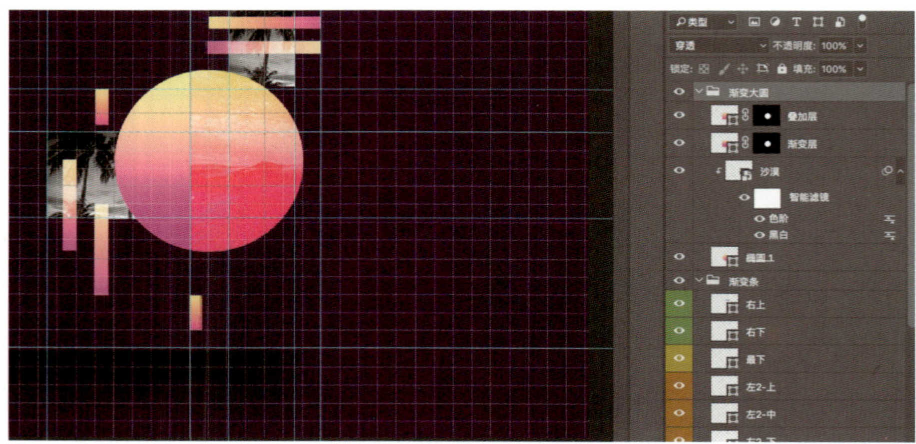
图6-3-36

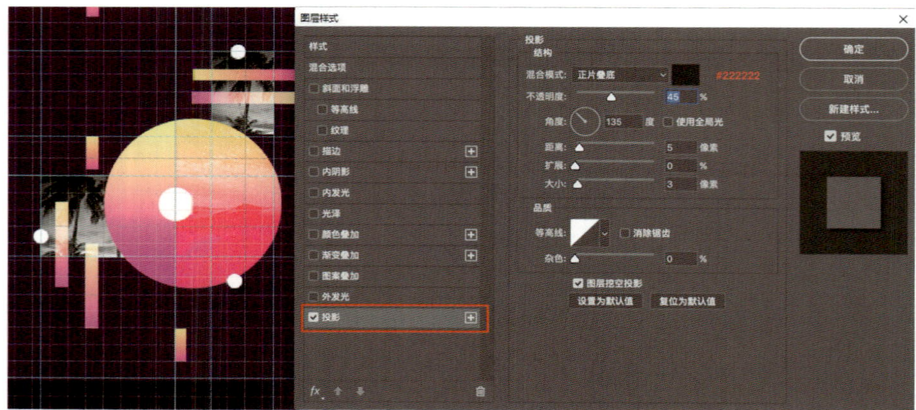
图6-3-37

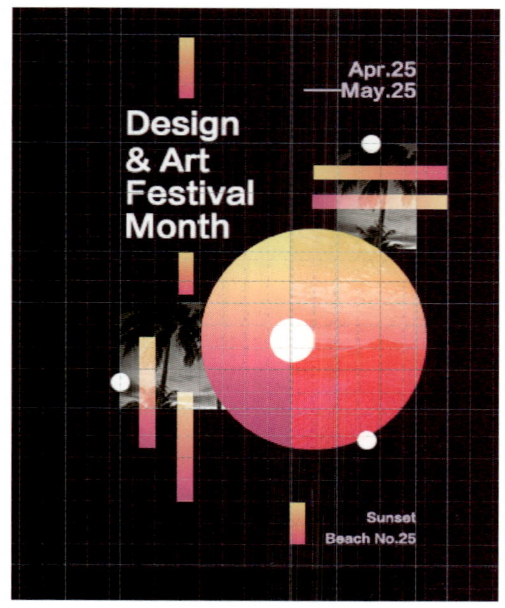

图6-3-38

⑭ 为画面添加文字，文字填充色为“#ffffff”。将各文字图层编组命名为“文字层”，如图6-3-38所示。

⑮ 使用“矩形工具”“多边形工具”和“文字工具”，绘制左下角图标，将图层编组，命名为“左下角图标”，如图6-3-39所示。

⑯ 调整画面中的对齐关系，将与海报相关的各层编组命名为“海报”，如图6-3-40所示。

⑰ 将“海报”中的部分元素复制于“图层1”之上，调整位置和缩放，注意各元素之间的比例和对齐关系。将复制出来的部分命名为“大背景”，如图6-3-41所示。

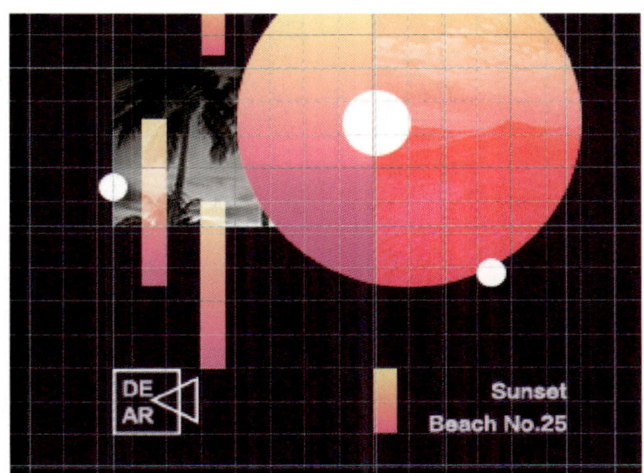

图6-3-39

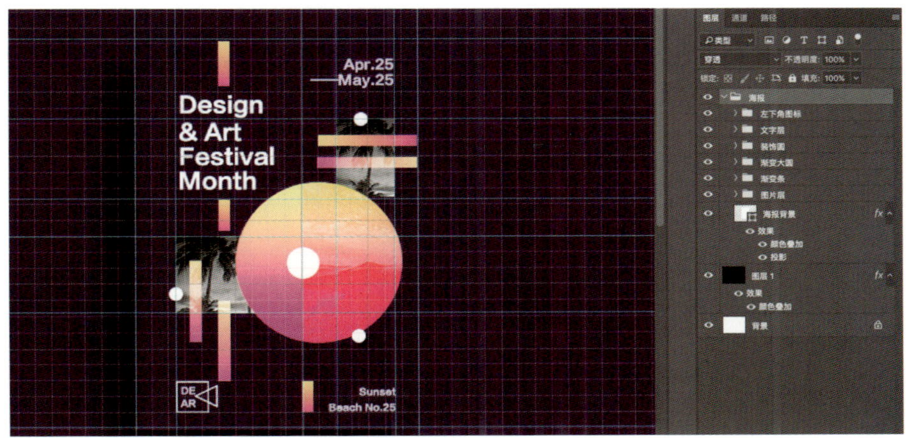

图6-3-40

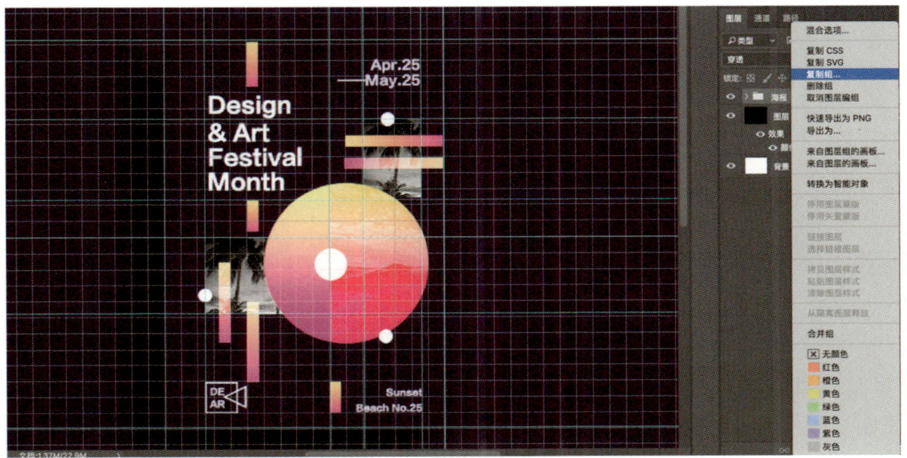

图6-3-41

取消网格显示，删除部分图层，如图6–3–42所示。

整理图层，对部分图层进行缩放、调整位置，如图6–3–43所示。

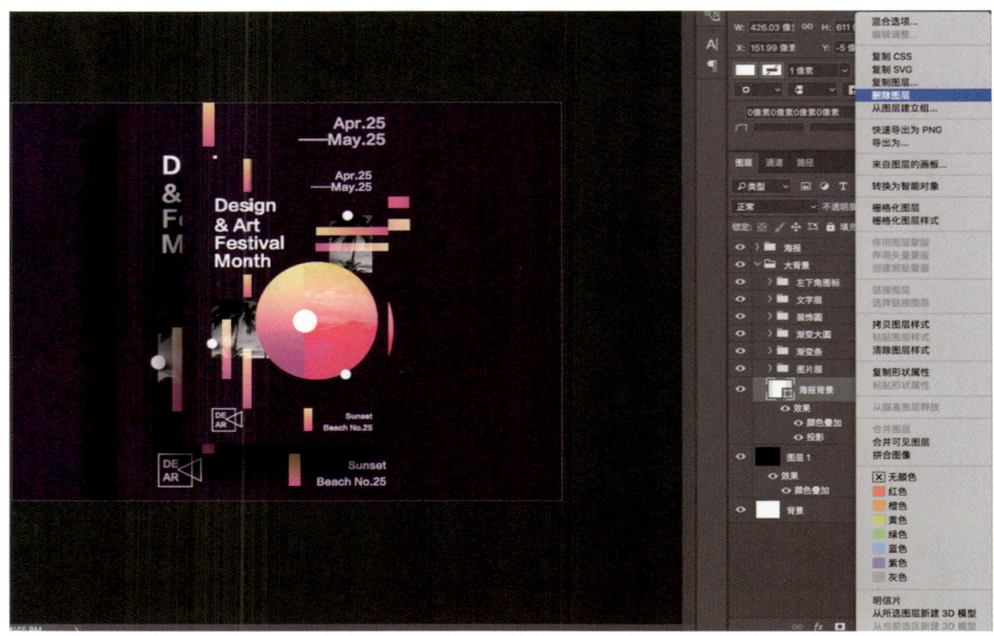

图6-3-42

图6-3-43

⑱ 为大背景添加亮部。新建一个图层，放置于“大背景”之上，将混合模式改为“柔光”，“不透明度”设置为“40%”。用放大的白色柔边画笔在画面的右上角点几下，如图6-3-44所示，将图层命名为“大背景提亮”。

⑲ 为大背景添加暗部。新建一个图层，放置于“大背景提亮”图层之上，同样将模式改为“柔光”，“不透明度”设置为“40%”。用放大的黑色柔边画笔在画面的左下角点击几下，将图层命名为“大背景暗部”，如图6-3-45所示。

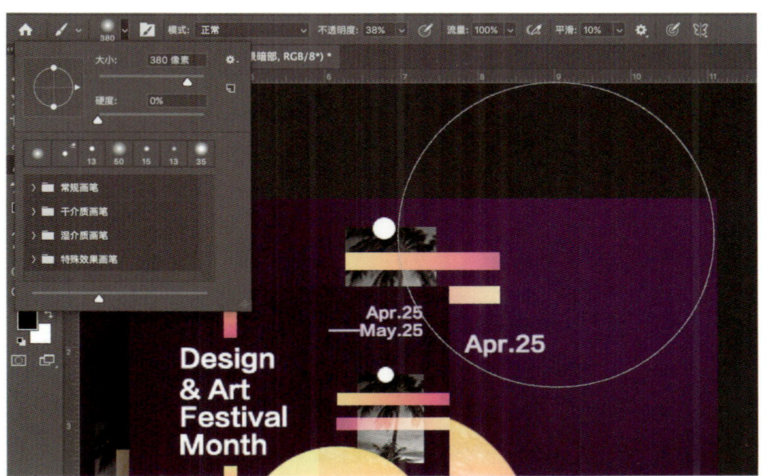

图6-3-44

图6-3-45

⑳ 完成效果如图6-3-1所示。

6.4 霓虹效果魔法秀海报制作

（1）设计要求。

主要运用“矩形工具”“椭圆工具”“钢笔工具”“删除锚点工具”等绘制几何形状，为图层添加图层样式、图层蒙版，并为图片创建剪贴蒙版以及通过滤镜给图层添加杂色等方式来制作霓虹效果魔法秀海报，效果如图6-4-1所示。

图6-4-1

（2）制作步骤。

① 新建画布宽度为800像素、高度为600像素，再用“矩形工具”画一个填充画布的矩形，宽度为800像素、高度为600像素。在矩形的“属性”面板中给矩形添加“渐变”（“属性”面板如果没有显示，在窗口中打开它，给形状添加“渐变”，步骤为“属性—设置形状填充类型—渐变”），如图6-4-2至图6-4-4所示。

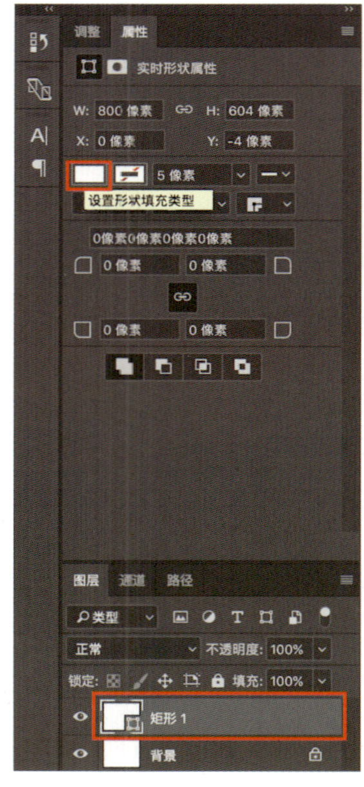

图6-4-2

图6-4-3

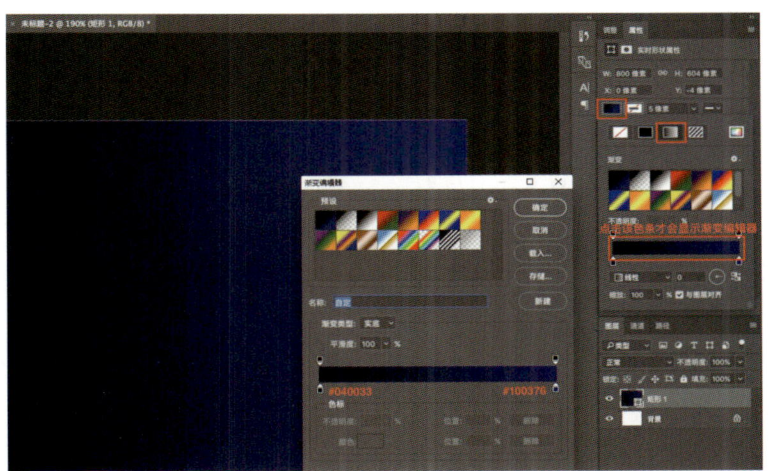

图6-4-4

② 使用“矩形工具”，新建一个290像素×415像素的矩形，双击该图层，给图层添加“图层样式”：“颜色叠加”“投影”，参数设置如图6-4-5、图6-4-6所示。

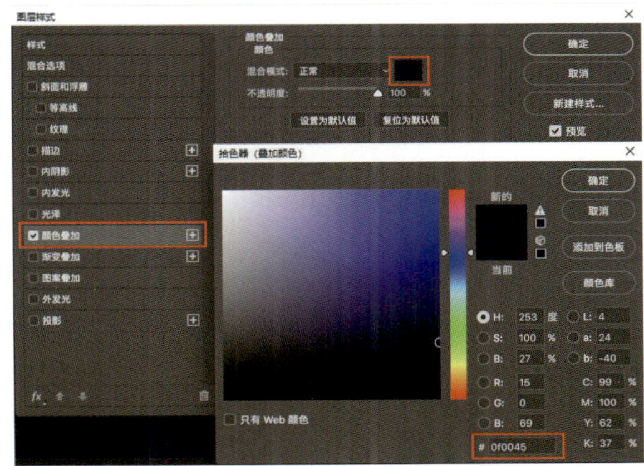

图6-4-5

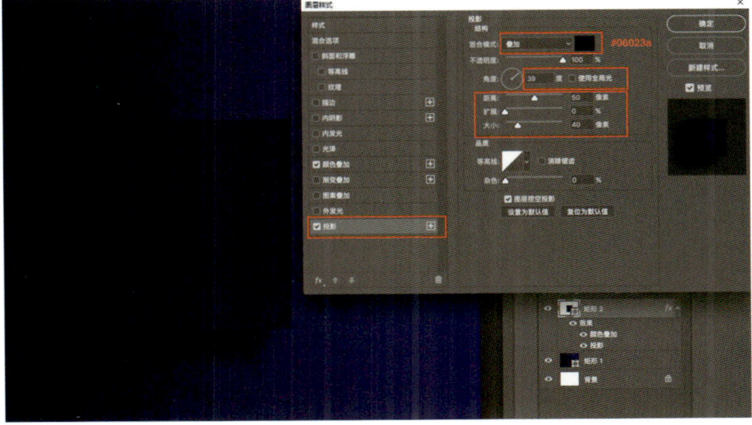

图6-4-6

③ 使用“椭圆工具”，在矩形上新建一个宽度180像素、高度180像素的椭圆，在“属性”面板中对椭圆进行更改。将颜色设置为“#550b77”，如图6-4-7、图6-4-8所示。再添加一个“蒙版”，设置“羽化”为“50像素”，如图6-4-9所示。

图6-4-7

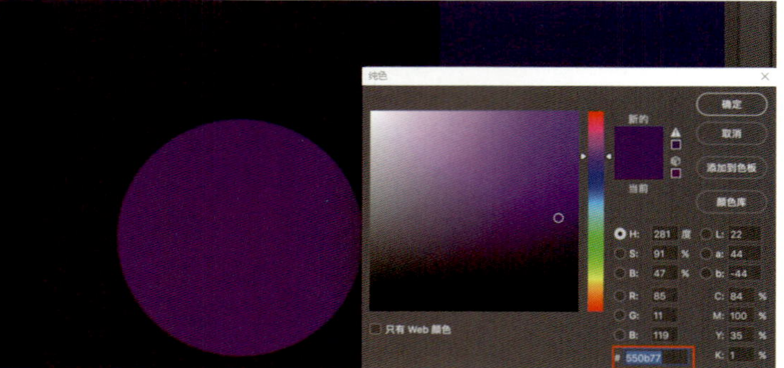

图6-4-8

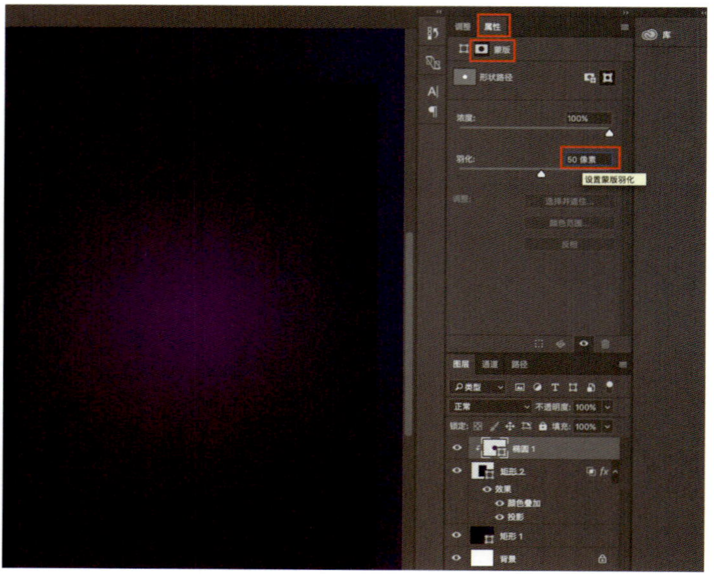

图6-4-9

④ 给羽化过的椭圆，添加“剪贴蒙版”，使其只显示下方矩形形状所在的部分，超过下方矩形的部分不显示。右键点击“椭圆1”图层，选择“创建剪贴蒙版”，如图6-4-10所示。

注意：在这里需要特别注意的是，如果该操作不显示，则需要将下方矩形图层“图层样式”里面的“混合选项”进行修改，在“高级混合”下方勾选并且只勾选1、3项“将内部效果混合成组”“透明形状图层”，如图6-4-11所示。

⑤ 三边形立体图形的绘制方法：用“钢笔工具”勾画一个三角形，在“图层样式”中添加“渐变叠加”。注意这里的“钢笔工具”要选择“形状”，如图6-4-12所示。

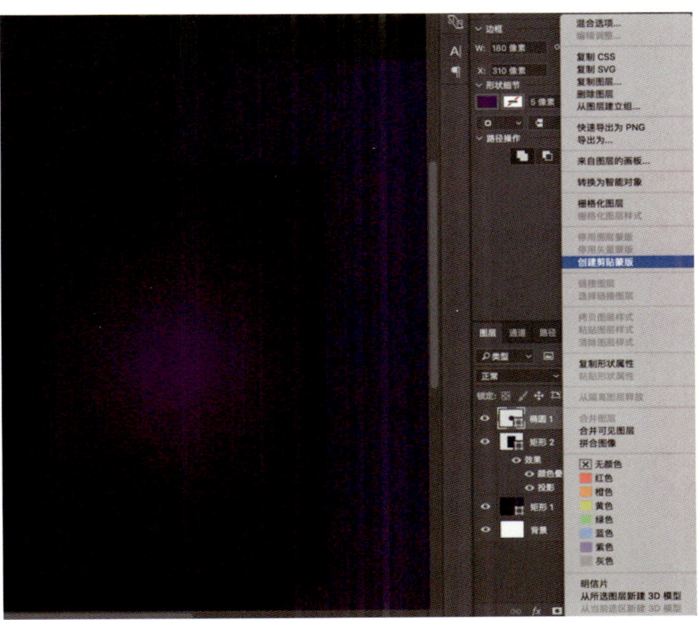

图6-4-10

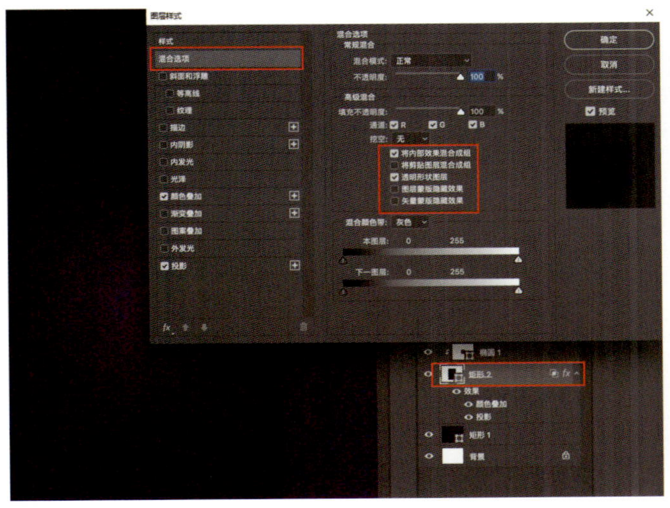

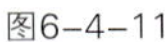

图6-4-11

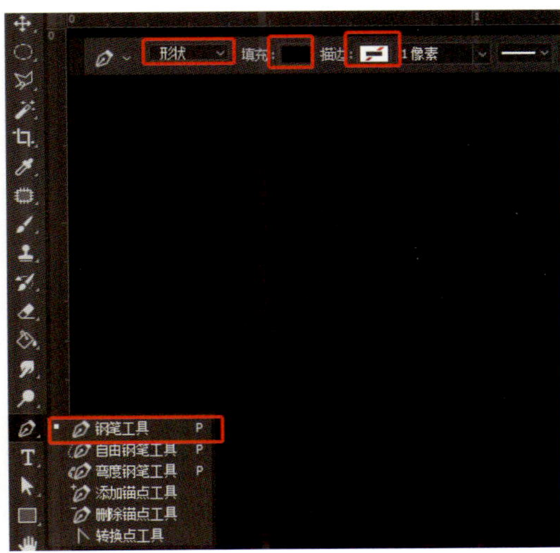

图6-4-12

用“钢笔工具”在刚刚的三角形上方再画一个如图6-4-13所示的六边形，给它添加“渐变叠加”，如图6-4-14所示。选择这个六边形，点击右键“创建剪贴蒙版”（三角形图层在下），如图6-4-15所示。

⑥ 四边形立体图形的绘制：用“矩形工具”画一个矩形，旋转45°（“Ctrl+T”快捷键调出自由变换，鼠标放在矩形任意一个角上进行旋转），如图6-4-16所示。该图层是“矩形3”，然后给它添加“渐变叠加”，参数设置如图6-4-17所示。

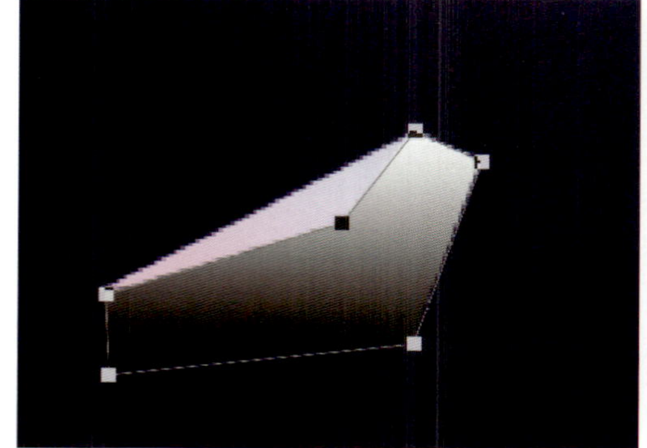

图6-4-13

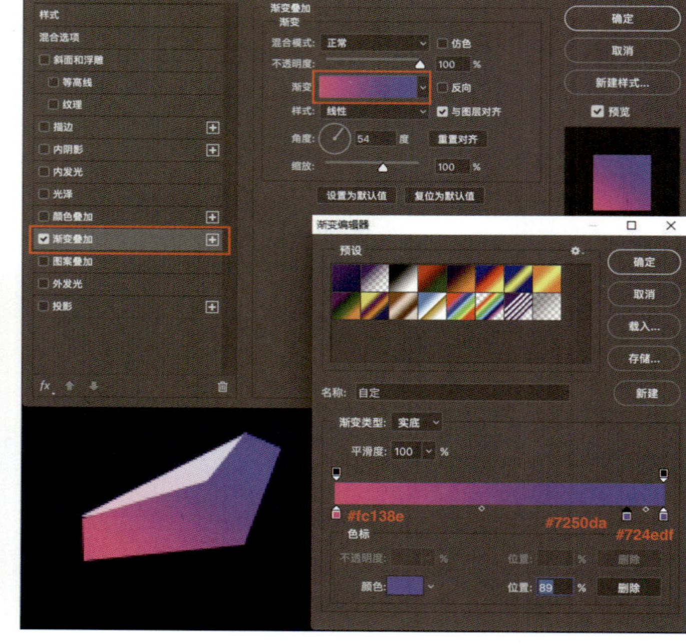

图6-4-14

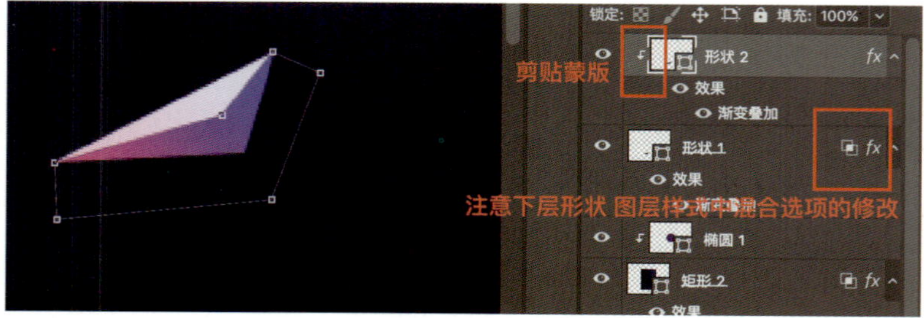

图6-4-15

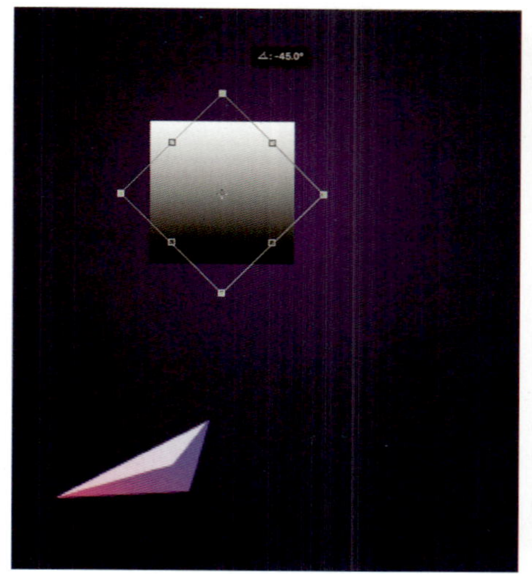

图6-4-16

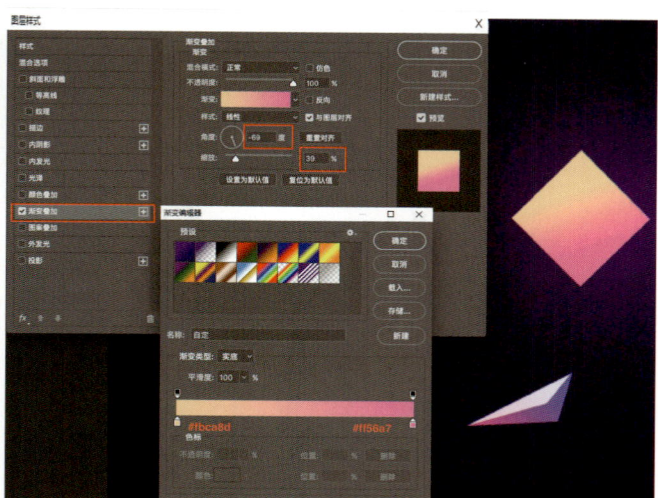

图6-4-17

复制该矩形图层（复制图层为“矩形3 拷贝”），用“删除锚点工具”删除该拷贝图层的右侧锚点，使其变成三边形，如图6-4-18所示。然后对该图层添加“颜色叠加”，参数设置如图6-4-19所示。

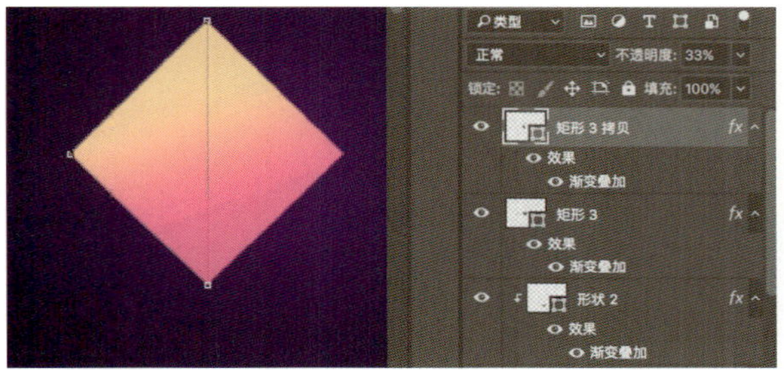

图6-4-18

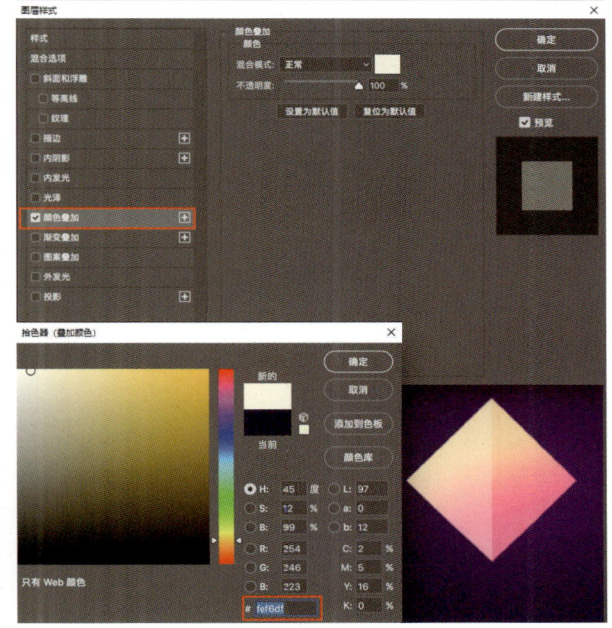

图6-4-19

同样的方法，复制底层的矩形（矩形3 拷贝2），删除所复制出来的矩形上方的锚点，使其变成一个三边形，并给这个三边形添加“渐变叠加”，参数设置如图6-4-20所示。

⑦ 创建圆锥立体图形的方法：新建一个图层，用“椭圆工具”新建一个圆，给这个圆添加一个“渐变叠加”，在这里添加的是“角度渐变”，参数设置如图6-4-21所示。

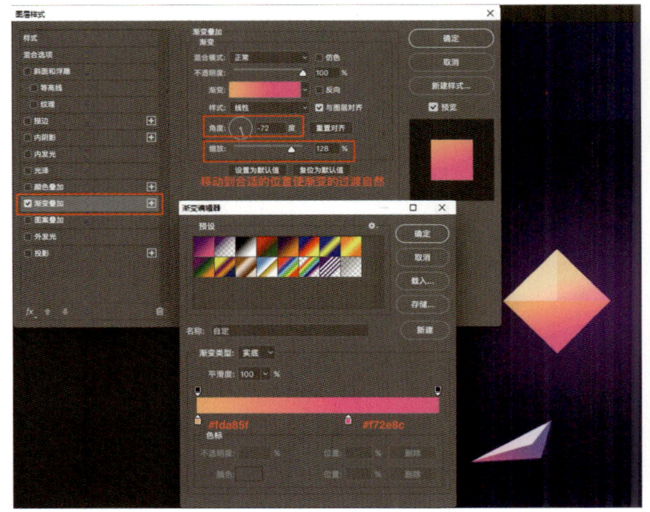

图6-4-20

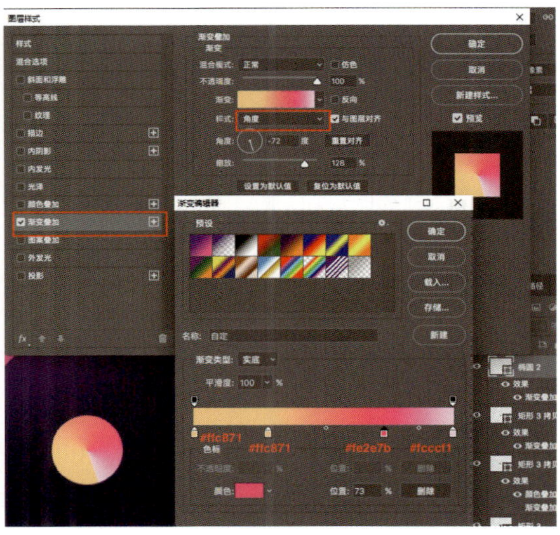

图6-4-21

复制图层“椭圆2”，将复制的圆缩小（自由变换快捷键“Ctrl+T”，用鼠标进行缩放），然后用“直接选择工具”，拖拽圆右侧的锚点使其变形，如图6-4-22所示。再给这个形状添加“渐变叠加”，参数设置如图6-4-23所示。

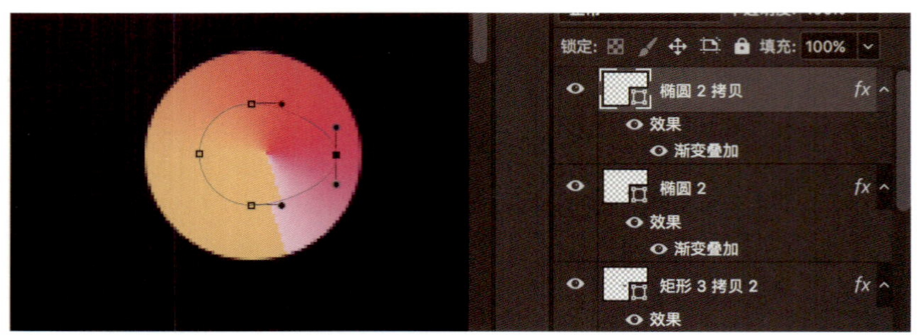

图6-4-22

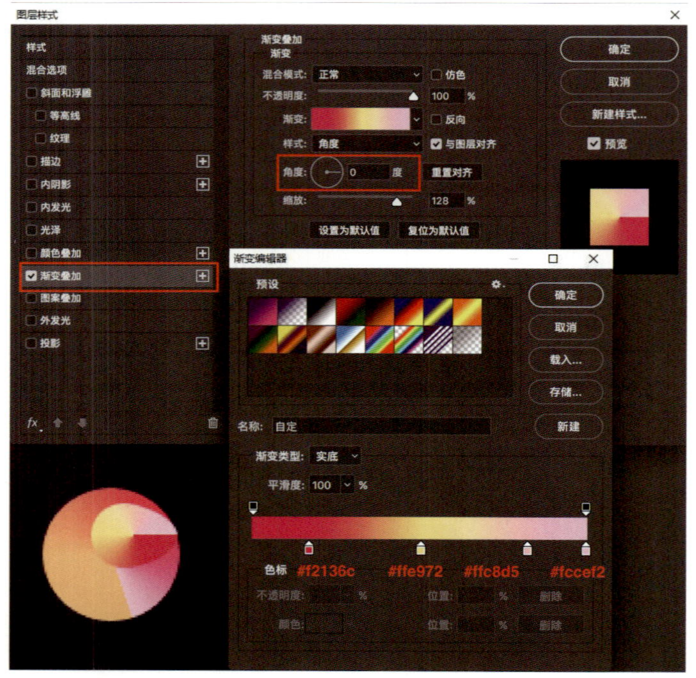

图6-4-23

整理图层，将画好的三边形、四边形和圆锥形立体图形分别建立各自的组，如图6-4-24所示。

⑧ 创建不规则五边形立体图形，方法跟之前的三边形立体图形相似，用“钢笔工具”勾画出一个五边形，然后画出各面，用“创建剪贴蒙版”或者“建立图层蒙版”的方法，使各面在五边形的范围内。

先用“钢笔工具”勾出五边形的轮廓，如图6-4-25所示。然后给底色添加“渐变叠加”，设置参数如图6-4-26所示。

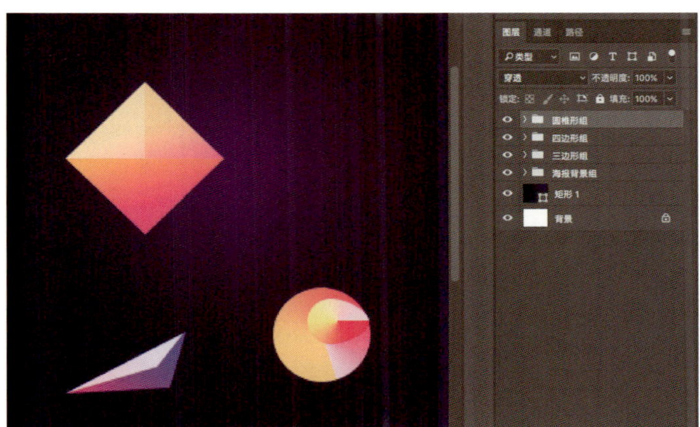

图6-4-24

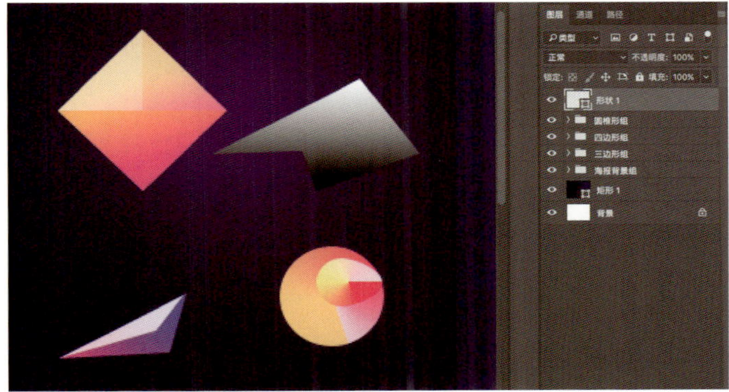

图6-4-25

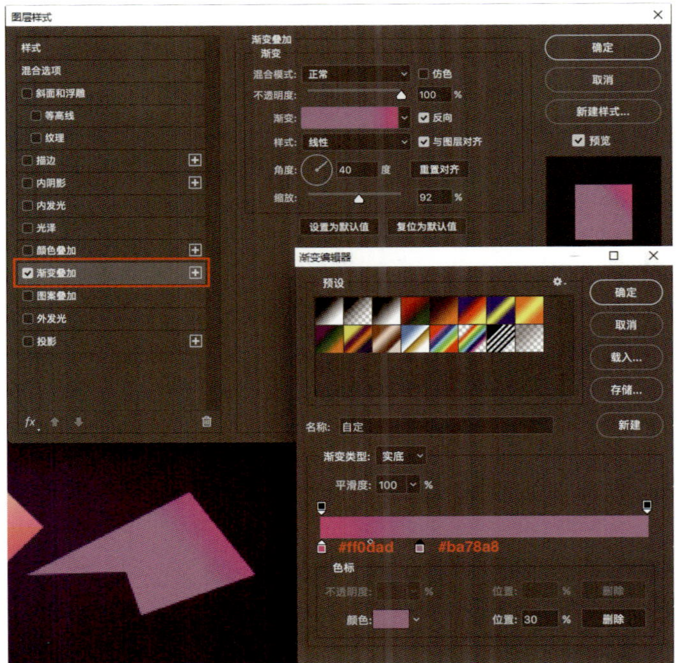

图6-4-26

新建图层，在新图层上用“钢笔工具”画三角形，添加“渐变叠加”，参数设置如图6-4-27所示。

图6-4-27

这次我们通过添加“图层蒙版”的方法隐藏不需要的部分。给图层“形状3”添加“图层蒙版”，使其不显示形状外的多余部分。用建立选区的方法建立图层蒙版，方法是按住“Ctrl”键的同时点击图层“形状1”的“图层缩览图”，这样就选中了“形状1”的选区，如图6-4-28所示。然后回到图层“形状3”图层，点击图层下方的“添加图层蒙版”，如图6-4-29所示，效果如图6-4-30所示。

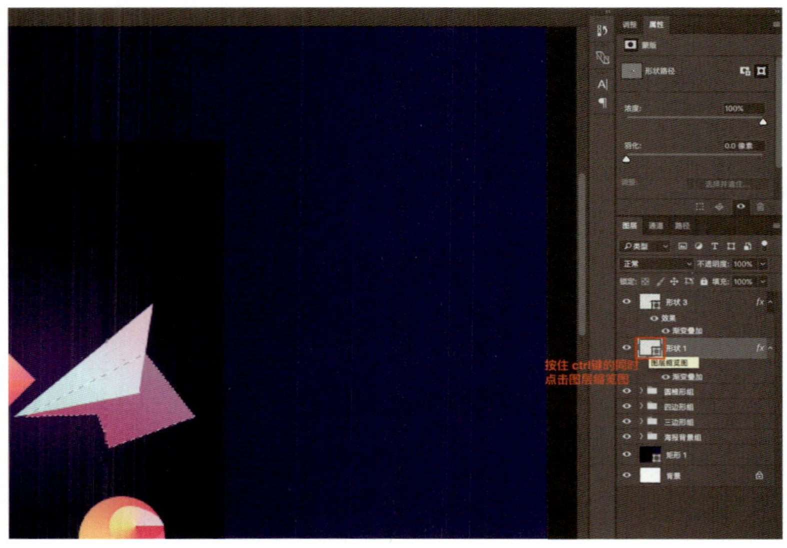

图6-4-28

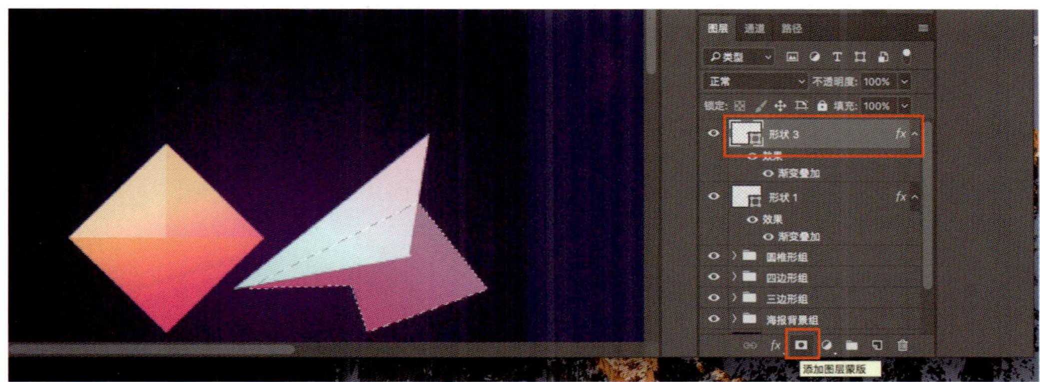

图6-4-29

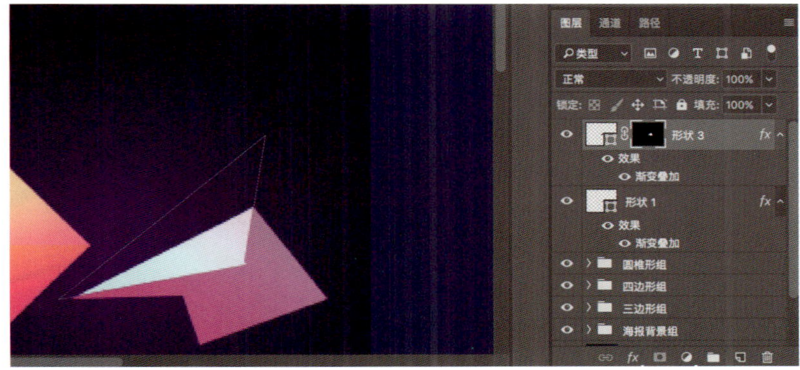

图6-4-30

用同样的方法画其他面，如图6-4-31所示。

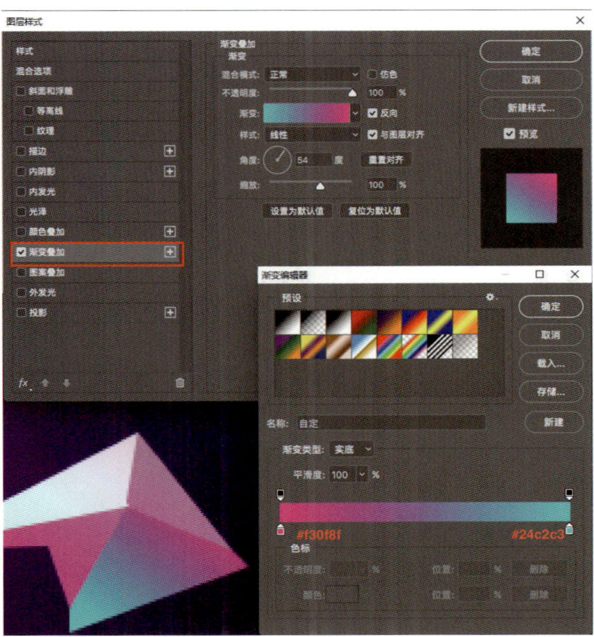

图6-4-31

注意：在这里五边形几个面上添加的图层蒙版由于是同样的形状，所以可以使用“复制图层蒙版”的方法快速操作。其方法是先按住“Alt”键，再选择要复制的蒙版拖拽到要放蒙版的图层上去，参数设置如图6-4-32、图6-4-33所示，效果如图6-4-34所示。

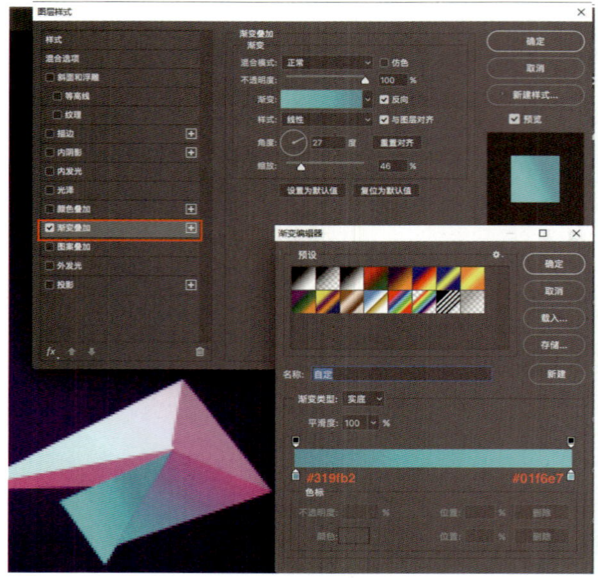

图6-4-32

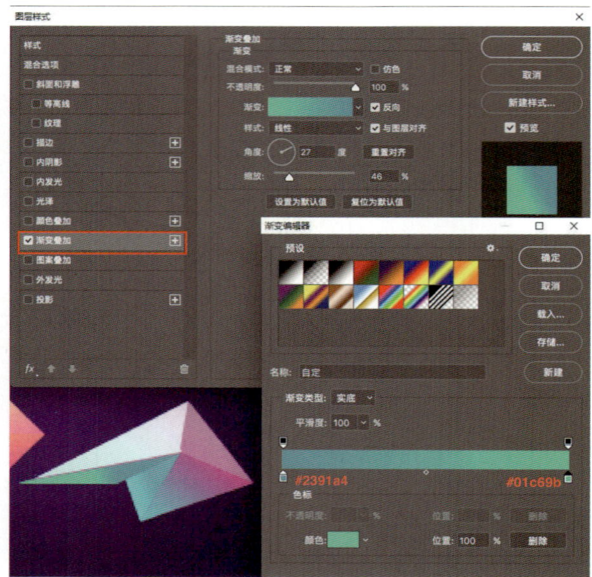

图6-4-33

图6-4-34

⑨ 用同样的方法，绘制其他的形状，如图6-4-35所示。

注意：这里移动各图形组的时候，渐变会随着移动位置的变化而变化，并不能跟随着图形一起保持渐变不变的状态。这时候可以复制各图形组，将复制的图形组“合并图层”，再隐藏原来的图形组备用，然后移动合并图层后的图形，渐变就不会变了。

图6-4-35

⑩ 合并所有图形的图层。选择所有要合并的图层，鼠标右键点击，选择“合并图层”，如图6-4-36、图6-4-37所示（在合并之前建议复制好图层和组，备用），然后给这个合并图层添加杂色，选择“滤镜—杂色—添加杂色”，参数设置如图6-4-38所示。

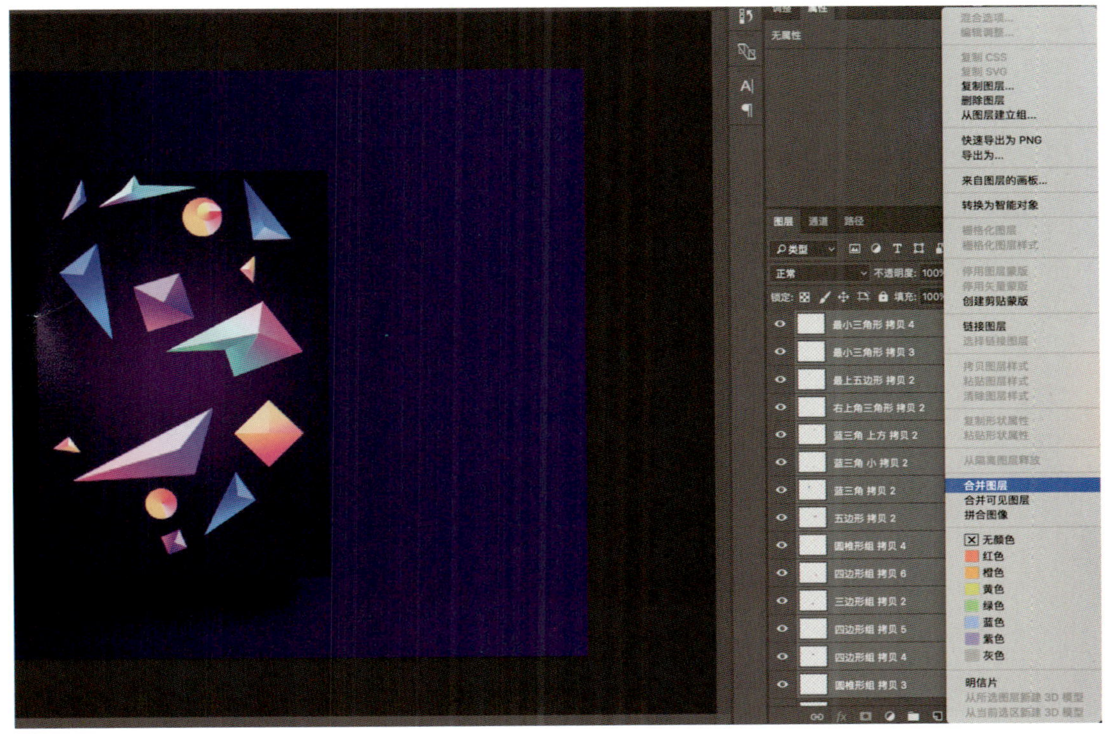

图6-4-36

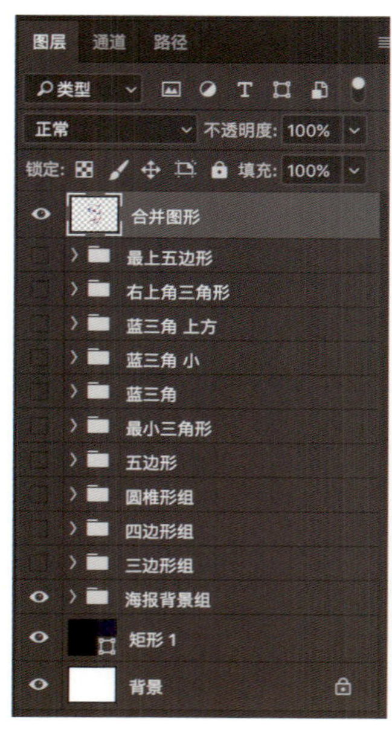

图6-4-37

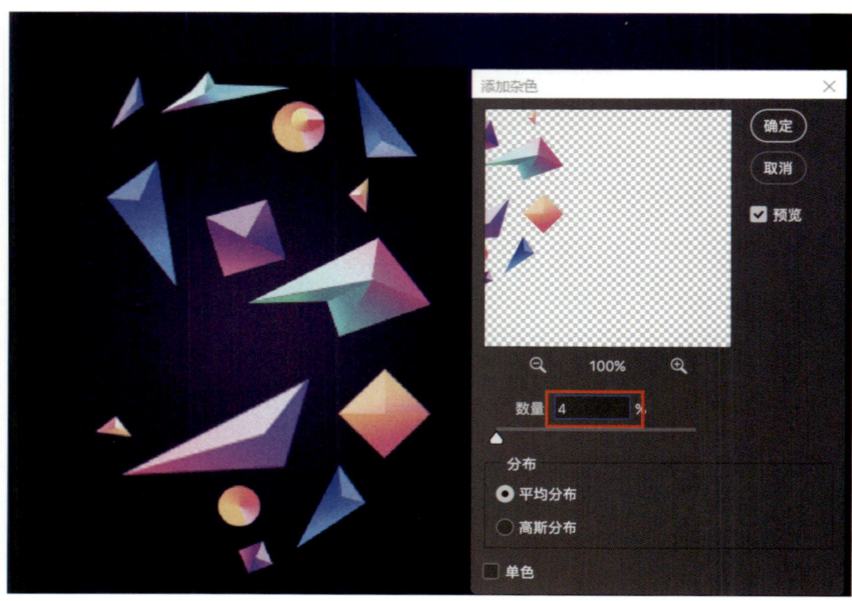

图6-4-38

⑪ 添加文字，如图6-4-39所示。

图6-4-39

⑫ 复制合并图形和文字放到海报下面，如图6-4-40所示。

⑬ 给海报做发光的背景。背景的光效看似复杂，其实就是一堆矩形相互叠加，这里的矩形需要添加“渐变”效果，添加蒙版“羽化”，再适当调节“不透明度”，最后再添加适当的杂色。

图6-4-40

隐藏其他图层，用“矩形工具”画矩形，在“属性”面板中添加渐变效果“从前景色到透明渐变”，如图6-4-41所示。前景色数值如图6-4-42所示。

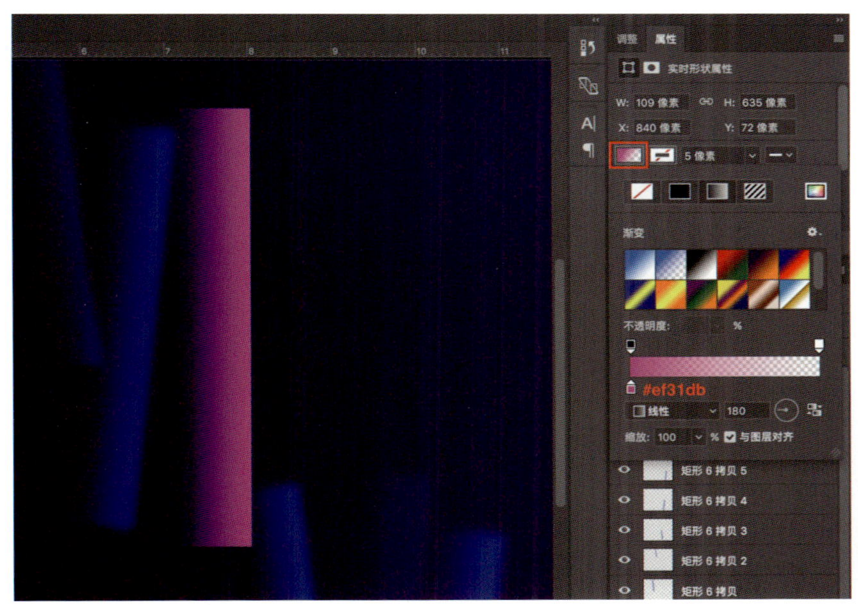

图6-4-41

图6-4-42

设置“蒙版—羽化”和“不透明度”，如图6-4-43所示。

把矩形图形“栅格化图层”（右键点击“图层”）之后，再复制，缩放，旋转，放到合适的位置。“栅格化图层”之后，渐变就不会随着图形位置变化而变化了，如图6-4-44所示。效果如图6-4-45所示。

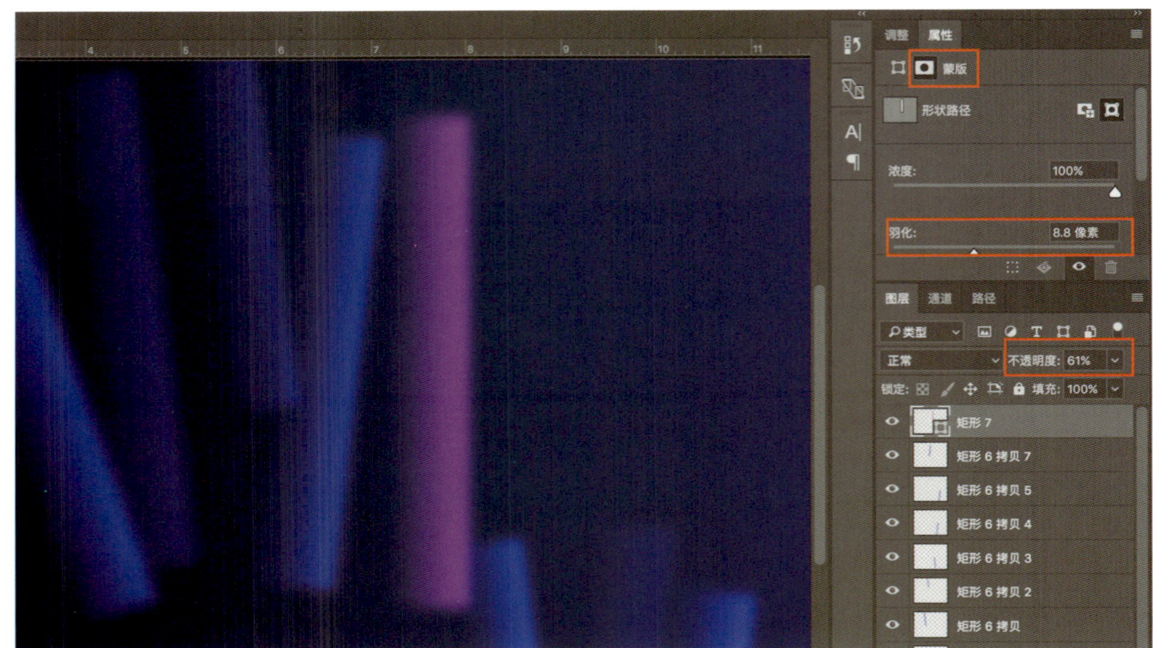
调整
属性
蒙版
形状路径
浓度:
100%
羽化:
8.8 像素
图层
通道
路径
类型
正常
不透明度: 61%
锁定:
填充: 100%
矩形 7
矩形 6 拷贝 7
矩形 6 拷贝 5
矩形 6 拷贝 4
矩形 6 拷贝 3
矩形 6 拷贝 2
矩形 6 拷贝

图6-4-43

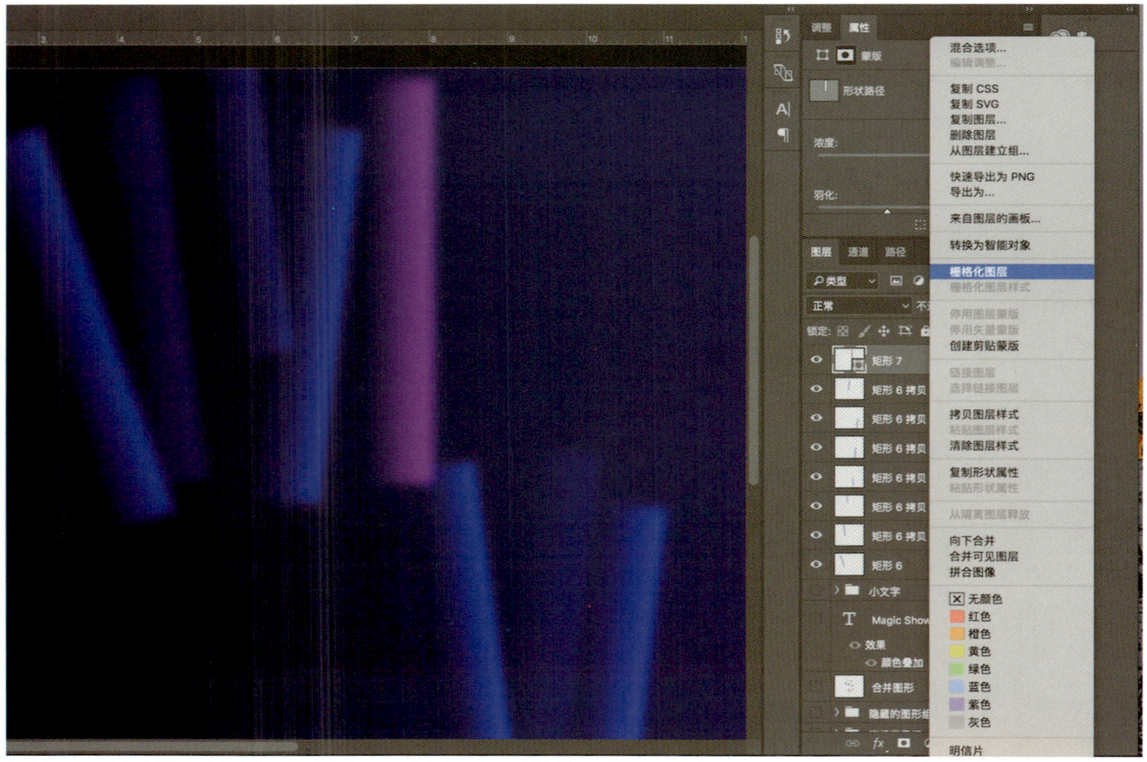
调整
属性
蒙版
形状路径
浓度:
羽化:
图层
通道
路径
类型
正常
锁定:
矩形 7
矩形 6
小文字
Magic Show
效果
颜色叠加
合并图形
混合选项...
编辑调整...
复制 CSS
复制 SVG
复制图层...
删除图层
从图层建立组...
快速导出为 PNG
导出为...
来自图层的画板...
转换为智能对象
栅格化图层
栅格化图层样式
停用图层蒙版
停用矢量蒙版
创建剪贴蒙版
链接图层
选择链接图层
拷贝图层样式
粘贴图层样式
清除图层样式
复制形状属性
粘贴形状属性
从隔离图层释放
向下合并
合并可见图层
拼合图像
无颜色
红色
橙色
黄色
绿色
蓝色
紫色
灰色
明信片

图6-4-44

图6-4-45

⑭ 合并这些图层，并给他们“添加杂色”，选择“滤镜—杂色—添加杂色”，参数设置如图6-4-46所示。

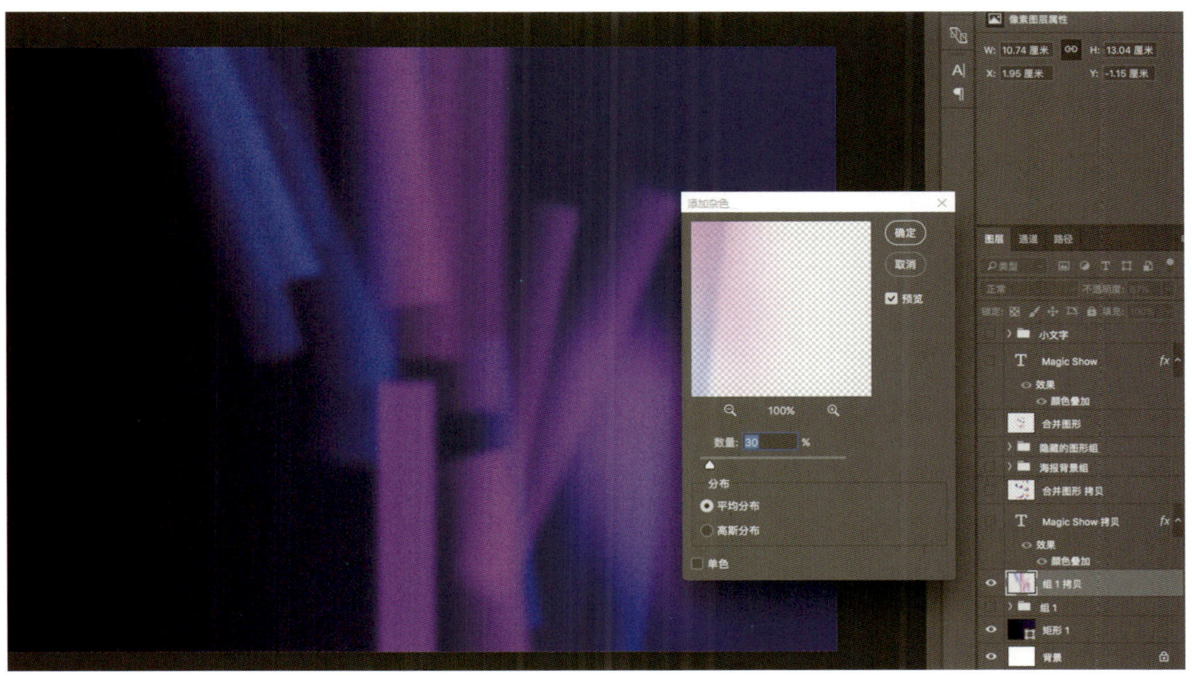

图6-4-46

⑮ 整理各图层顺序，显示隐藏图层，完成海报制作，如图6-4-1所示。